鲁棒控制中的正交化
方法及其应用

赵晓东 著

科学出版社
北京

内 容 简 介

本书主要讨论正交有理函数及其在鲁棒控制中的应用。从广为人知的经典控制理论中的 Jury 稳定判据出发，构造特定严格真有理函数空间的正交基，利用该组正交基研究 Hankel 算子的矩阵表达形式及其奇异值分解问题，从而进一步研究最优与次最优的 Nehari 问题，给出该问题矩阵代数解的形式并统一该问题解的表达形式。在此基础上，得到最优与次最优的 Hankel 逼近问题的统一形式的解，并研究鲁棒控制器设计问题。本书还通过把参数化的鲁棒控制器问题转化为 Nehari 问题而得到基于正该交基的鲁棒控制器解集形式。最后，探讨用多项式方程来求解 Nehari 问题的方法。本书遵循由浅入深的写作思路，力争做到在内容上相互衔接，在理论上相互补充，以形成较完备的鲁棒控制理论正交化方法研究体系。

本书可作为控制理论与控制工程专业以及控制、机械、通信、计算机、数学等相关专业的研究生教材，也可作为从事鲁棒控制研究的科研、教学和工程技术人员的参考书。

图书在版编目(CIP)数据

鲁棒控制中的正交化方法及其应用/赵晓东著. —北京：科学出版社，2011

ISBN 978-7-03-032419-1

Ⅰ.鲁… Ⅱ.赵… Ⅲ.正交化-应用-鲁棒控制 Ⅳ.①TP273

中国版本图书馆 CIP 数据核字(2011) 第 194693 号

责任编辑：姚庆爽 / 责任校对：宋玲玲
责任印制：赵 博 / 封面设计：耕者设计工作室

科 学 出 版 社 出版
北京东黄城根北街 16 号
邮政编码：100717
http://www.sciencep.com

源海印刷有限责任公司印刷
科学出版社发行　各地新华书店经销

*

2011 年 10 月第 一 版　开本：B5 (720×1000)
2011 年 10 月第一次印刷　印张：11 1/4
印数：1—2 500　　　字数：212 000

定价：45.00 元
(如有印装质量问题，我社负责调换)

前　　言

实际工程的系统由于种种原因总是存在不确定性。这种不确定性就使得系统难以用精确的数学模型来描述。如果系统中存在能够引起系统结构和参数变化的不确定性，那么该实际系统即可描述为标称系统 (模型精确已知部分) 和不确定因素的集合。所谓鲁棒性，是指标称系统所具有的某一性能品质对于具有不确定性系统集的所有成员都成立。鲁棒分析是指根据给定的标称系统和不确定性集合找出保证系统鲁棒性所需的条件；而鲁棒性能综合 (鲁棒控制器设计问题) 就是根据给定的模型，基于鲁棒性分析的结果来设计控制器，使得闭环系统满足期望的性能要求。

迄今为止，人们研究鲁棒控制理论主要从四种方法入手，即多项式代数方法、μ 分析方法、状态空间方法和频域方法。其中，多项式代数方法局限于系统鲁棒稳定分析，不适合矩阵空间和鲁棒镇定问题；μ 分析方法对综合问题也没有太完善的结论；状态空间方法是现代鲁棒控制研究中最有效的手段，基于系统状态空间形式的描述，采用状态反馈的 H_∞ 控制问题可以通过求解代数 Riccati 方程来获得；而频域方法则采用因子分解方法得到所有稳定控制器的参数化形式，再将模型匹配问题转化为广义距离或最优 Hankel 逼近问题，最后转化为 Nehari 问题求解。频域方法的缺点是数学工具烦琐、计算量大，因此，在工程实践中很难应用。

正交函数系由于其特殊的结构，能起到简化问题描述、降低计算量的作用，在各类科学和工程问题中扮演着重要角色。本书针对鲁棒控制中频域方法求解复杂的问题，从经典控制理论基础入手，由简入深，由易到难，系统地阐述如何运用正交函数来研究离散系统的鲁棒稳定性问题，设计 H_∞ 控制器，并利用正交函数系结构给出鲁棒控制器的多项式代数求解方法。

本书重点突出，基于经典控制理论的正交函数系构造方法；在分析该正交函数系特点的基础上，研究 Hankel 算子的紧矩阵表达及其奇异值分析问题，进而给出 Nehari 问题的正交函数基下的简单求解方法；最后，运用上述结果进行离散系统鲁棒综合问题的阐述。在把握重点的基础上，本书在内容上相互衔接、注重逻辑性；在结构上，试图建立较完备的理论体系。本书的结构以正交函数基和 Hankel

算子的矩阵表达形式为主线，围绕这条主线，系统阐述 Nehari 问题、Hankel 范数逼近问题、鲁棒镇定等问题的求解方法，试图建立一个完整的理论体系。在写作上，循序渐进、层次分明、深入浅出、由易到难、层层深入。

在本书完成过程中，先后得到了国家自然科学基金 (60974138)、浙江省重中之重学科建设以及杭州电子科技大学学术专著出版基金等项目的资助。作者在此对国家自然科学基金委员会、浙江省以及杭州电子科技大学科技处的支持深表谢意。特别感谢科学出版社给予的支持，使作者有机会把自己的想法和成果加以系统归纳并总结出版。另外，感谢同事薛安克教授、文成林教授、柴利教授、周绍生教授、鲁仁全教授、陈云副教授等的帮助与支持。最后，特别感谢我的导师丘立教授把我引入鲁棒控制领域，他渊博的知识、严谨的治学精神和高尚的人格使我受益终身。

由于作者水平有限，书中的缺点和不足之处在所难免，殷切希望广大读者批评指正。

作　者
2011 年 6 月
于杭州电子科技大学

符号与标记

$\mathbf{R(C)}$	实 (复) 数域
$\mathbf{D}$	复平面上开单位圆盘
$\mathbf{T}$	复平面上单位圆
$\deg a(z)$	多项式 $a(z)$ 的次数
$\mathcal{X}_a$	分母为 $a(z)$ 的严格真有理函数集
$\mathrm{Im}\, A$	A 的象 (值域)
$\mathrm{Ker}\, A$	A 的核 (零域)
$A^{\perp}$	子空间 A 的正交补
$\mathcal{L}_2$	单位圆上平方可积函数空间
$\mathcal{H}_2$	$\mathcal{L}_2$ 的在 $\mathbf{D}$ 外解析的函数子空间
$\mathcal{H}_2^{\perp}$	$\mathcal{L}_2$ 的在 $\mathbf{D}$ 上解析的函数子空间
$\mathcal{L}_{\infty}$	单位圆上有界函数空间
$\mathcal{H}_{\infty}$	$\mathcal{L}_{\infty}$ 的在 $\mathbf{D}$ 外解析的函数子空间
I_n	$n \times n$ 单位矩阵
$\{a_{ij}\}$	以 a_{ij} 作为第 i 行第 j 列元素的矩阵
$\det A$	A 的行列式值
$\mathcal{F}_l\ (\mathcal{F}_u)$	下 (上) 线性分式变换
$\oplus$	线性空间的直和
$\langle, \rangle$	内积
P_+, P_-	从 $\mathcal{L}_2$ 到 $\mathcal{H}_2$ 和 $\mathcal{H}_2^{\perp}$ 上的投影算子
J	反转算子
S	反向移动算子
Γ_G	$G(z)$ 的 Hankel 算子
Γ_G^*	$G(z)$ 的伴随 Hankel 算子
前缀 $\mathcal{R}$	实有理
$V^{\sim}(z)$	$V^{\mathrm{T}}(z^{-1})$ œ $- z$

目　　录

第 1 章　　　　绪　　论

　　本书主要研究一类特殊的正交有理函数及其在鲁棒控制中的一些应用问题。该类正交函数可以比较简单地通过 Jury 表来构造，利用该类正交函数作为 Hankel 算子的基函数，我们给出了 Hankel 算子的紧矩阵表达形式。在此基础上尝试重新求解最优与次最优 Nehari 问题，并将之推广到 Hankel 范数逼近、鲁棒镇定等问题。

本章预览

1.1　背景与动机

1.2　本书主要内容

参考文献

1.1 背景与动机

在各类科学和工程问题中，正交函数始终起着非常重要的作用，扮演着特殊的角色，如最常见的正交多项式[1]、傅里叶级数和冥级数中的标准正交函数[2]、小波函数[3] 等。本书主要研究正交有理函数及其在鲁棒控制中的应用。

正交有理函数的研究已经有相当长的历史，将一个线性系统分解成为正交形式 (如 Laguerre 函数)，而不是傅里叶级数中标准正交函数的方法可以追溯到 Lee[4] 和 Wiener[5] 的早期工作。Kautz[2] 构造了一类具有两个参数的更一般形式的正交有理函数。海森伯格 (Heuberger) 等[6] 则采用内函数的平衡实现方法构造了多参数的正交有理函数。冥级数中的标准正交基、Laguerre 函数和 Kautz 函数都是这一方法的特例。Ninness 和 Gustasson[7] 对该方法进行了进一步的推广，文献 [6] 和文献 [7] 的构造方法在系统辨识中有着不少应用。

上述的几种构造正交有理函数的方法都是在内函数的平衡实现中得到的，因而都需要读者通晓状态空间理论，并有较深的数学基础。尤其是对于那些刚刚涉足控制理论的本科生而言，现代与后现代控制理论需要的数学基础太深奥，很难将这些理论和方法传授给他们。那么，现代与后现代控制理论与经典控制理论之间真的存在很深的隔阂与鸿沟？能否用经典控制理论的工具来解决像鲁棒控制理论这样的问题呢？对于线性连续系统，Qiu[8] 给出了肯定的答案。

劳斯 (Routh) 稳定判据[9] 几乎在所有的本科生控制教材中都会提及，劳斯稳定判据可以用来判定给定多项式的稳定性。用给定多项式的系数构造劳斯表，根据第一列表符号改变的情况可以判断该多项式不稳定的根的个数。然而，正如大多数教科书所涉及的，劳斯表通常仅局限于稳定判别这一功能。事实上，劳斯表可以用来构造正交函数。文献 [3] 证明了对于由给定的稳定多项式做分母而构成的严格真有理函数空间,可以用劳斯表构造该空间的一组正交基。而这样一组基可以有很多非常好的用途,如计算函数的 $\mathcal{H}_2$ 范数、求取 Hankel 奇异值、求解模型降阶和 H_∞ 优化问题[8] 等。这就为使用诸如劳斯表这样的基础工具来系统和完备地求解线性最优和鲁棒控制理论问题打开了一扇门。

类似于劳斯表和劳斯稳定判据,Jury 表和 Jury 稳定判据[10] 是线性离散系统的稳定性判据。本书将继续沿着这条线路探索用 Jury 表这个基础工具来解决鲁棒控制理论问题的方法。Jury 表也将用来构造正交有理函数,并用该正交基函数来研究 Hankel 算子的紧矩阵表达形式、奇异值分解、Nehari 问题、Hankel 范数逼近、鲁棒镇定等问题。

1.2 本书主要内容

第 2 章: 基础知识 给出本书需要的一些基础数学知识。首先是一些有用的线性代数知识,然后回顾一些信号与系统的基础,并由此引出 $\mathcal{H}_2$ 和 $\mathcal{H}_\infty$ 空间的概念以及反馈系统的概念,最后简单介绍一些非常有用的分解理论。

第 3 章: 系统变换与分解 主要介绍在鲁棒控制中非常有用的系统变换和系统分解理论,包括线性分式变换、互质分解、正则分解、内外分解和 J 谱分解的定义及其求解方法。

第 4 章: 基于 Jury 表构造的正交有理函数 首先回顾经典控制中的 Jury 表以及 Jury 稳定判据,然后利用 Jury 表构造严格真有理函数空间的一组正交基,并证明这组基就是由标准基经过格拉姆–施密特 (Gram-Schmidt) 正交化得到的同一组基,还将给出这组基与内函数平衡实现方法之间的关系。最后,利用扩展的 Jury 表计算 $\mathcal{L}_2$ 和 $\mathcal{H}_2$ 范数。

第 5 章: Hankel 算子和紧 Hankel 矩阵 首先了解 Hankel 算子,然后给出两种基于第 3 章正交基的 Hankel 算子的紧矩阵表达形式。利用奇异值分解，进一步研究 Hankel 奇异值和施密特对 (Schmidt pair) 的性质。

第 6 章: 最优与次最优 Nehari 问题　研究最优与次最优 Nehari 问题。首先给出该问题的描述和状态空间的解；然后采用正交基和紧 Hankel 矩阵来重新求解该问题；最后将该问题拓展到 Hankel 范数逼近问题，给出相应的解。

第 7 章: 鲁棒镇定问题　研究采用正交基和紧 Hankel 矩阵来求解鲁棒镇定问题。首先采用互质分解将该问题转化为 Nehari 问题，然后给出次最优鲁棒镇定问题的解。

第 8 章: 用多项式方法求解 Nehari 问题　给出单块和两块次最优 Nehari 问题的多项式解法。

参 考 文 献

[1] Fuhrmann P A. A Polynomial Approach to Linear Algebra. New York: Springer, 1996.

[2] Kautz W H. Transient synthesis in the time domain. IRE Trans. on Circuit Theory, 1954, CT-1: 29–39.

[3] Calvez L C, Vilbé P, Derrien A, et al. General orthogonal sequences via a Routh-type stability array. Electronics Letters, 1992, 28: 19.

[4] Lee Y W. Synthesis of electrical networks by means of the Fourier transforms of Laguerre functions. J. Math. Physics, 1933, 11: 83–113.

[5] Wiener N. Extrapolation, Interpolation and Smoothing of Stationary Time Series. Cambridge: MIT Press, 1949.

[6] Heuberger P, Van den Hof P M J, Bosgra O. A generalized orthonormal basis for linear dynamical systems. IEEE Trans. Auto. Contr., 1995, 40: 451–465.

[7] Ninness B, Gustasson F. A unfying construction of orthonormal bases for system identification. IEEE Trans. Auto. Contr., 1997, 42: 515–521.

[8] Qiu L. What can Routh table offer in addition to stability? Journal of Contral Theory and Application, 2003, 1: 9–16.

[9] Åström K J. Introduction to Stochastic Control Theory. New York: Academic Press, 1970.

[10] Jury E I, Blanchardy J. A stability test for linear discrete systems in table form. Proc. IRE, 1961, 50: 1947–1948.

第 2 章　　基 础 知 识

　　本章主要介绍鲁棒控制中要用到的一些数学基础中与控制系统相关的基本概念、定理和性质。了解这些基础知识和基本理论对理解本书后面的内容将有很大的帮助。

本章预览

2.1　线性代数基础

2.2　矩阵分解

2.3　信号与系统

2.4　$\mathcal{H}_2$和$\mathcal{H}_\infty$空间

参考文献

2.1 线性代数基础

本节介绍与正交概念相关的一些线性代数基础知识。

2.1.1 向量、内积和范数

定义 2.1 令 **R** 表示实数集合，**C** 表示复数集合。一个按照列方式排列的实数或复数集合

$$x = \begin{bmatrix} x_1 \\ x_2 \\ \vdots \\ x_n \end{bmatrix} \tag{2.1}$$

称为一个列向量。类似地，按照行方式排列的实数或复数集合称为行向量。

定义 2.2[1] 以向量为元素的集合 X 称为向量空间，若加法运算定义为两个向量之间的加法，乘法运算定义为向量与标量之间的乘法，并且对于向量集合 X 中的向量 x, y, z 和标量 a, b，满足以下两个闭合性和关于加法、乘法的八个公理：

(1) 若 $x \in X$ 和 $y \in X$，则 $x + y \in X$ (加法闭合性)。

(2) 若 a 是一个标量，$y \in X$，则 $ay \in X$ (标量乘法闭合性)。

(3) $x + y = y + x, \forall x, y \in X$ (加法交换律)。

(4) $x + (y + z) = (x + y) + z, \forall x, y, x \in X$ (加法结合律)。

(5) 在 X 中存在一个零向量 0, 使得 $y + 0 = y, \forall y \in X$。

(6) 给定一个向量 $y \in X$，存在另一个向量 $-y \in X$，使得 $y + (-y) = 0 = -y + y$。

(7) $a(by) = (ab)y$, 对 $\forall y \in X$ 和所有标量 a, b 成立 (标量乘法结合律)。

(8) $a(x+y) = ax + ay$, 对 $\forall x, y \in X$ 和标量 a 成立 (标量乘法分配律)。

(9) $(a+b)y = ay + by$ 和对 $\forall y \in X$ 和标量 a, b 成立 (标量乘法分配律)。

(10) 在 X 中存在一个单位向量 1, 使得 $1y = y, \forall y \in X$。

定义 2.3　令 X 是复向量空间, 函数 $\langle x, y \rangle : X \times X \to \mathbf{C}$ 称为向量 x 和 y 的内积, 若对所有的 $x, y, z \in X$ 满足以下公理:

(1) $\langle x, x \rangle \geqslant 0$。

(2) $\langle x, x \rangle = 0$, 当且仅当 $x = 0$。

(3) $\langle x + y, z \rangle = \langle x, z \rangle + \langle y, z \rangle$。

(4) $\langle x, y \rangle = c^* \langle x, y \rangle$。

(5) $\langle x, y \rangle = \langle y, x \rangle^*$。

其中, $*$ 表示共轭复数。

定义 2.4　令 X 是复向量空间, 函数 $\|x\| : X \to \mathbf{R}$ 称为向量 x 的范数, 如果对所有的 $x, y \in X$, 下面的范数公理都成立:

(1) $\|x\| \geqslant 0$。

(2) $\|x\| = 0$, 当且仅当 $x = 0$。

(3) $\|cx\| = |c| \|x\|$, 对所有复数 c 成立。

(4) $\|x + y\| \leqslant \|x\| + \|y\|$。

根据定义 2.3, 两个常数向量 $x = [x_1, x_2, \cdots, x_n]^{\mathrm{T}}$ 和 $y = [y_1, y_2, \cdots, y_n]^{\mathrm{T}}$ 的内积定义为

$$\langle x, y \rangle = x^* y = \sum_{i=1}^{n} x_i^* y_i \tag{2.2}$$

定义 2.5　如果两个常数向量 x, y 的内积等于零, 则称它们正交, 并记作 $x \perp y$。

定义 2.6　令 X 是向量空间, 一个向量 $x \in X$ 的正交补, 记作

$x^\perp$, 是由 X 中所有正交于 x 的向量所组成的集合

$$x^\perp = \{y \in X : x \perp y\} \tag{2.3}$$

定义 2.7　　令 X 是向量空间，一个向量集 $S \in X$ 的正交补，记作 $S^\perp$, 是由 X 中所有正交于 S 中元素的向量所组成的集合

$$S^\perp = \{y \in X : x \perp y \text{ 对所有的 } x \in S\} \tag{2.4}$$

2.1.2　正交矩阵与酉矩阵

定义 2.8　　如果

$$QQ^{\mathrm{T}} = Q^{\mathrm{T}}Q = I \tag{2.5}$$

实数方阵 $Q \in \mathbf{R}^{n \times n}$ 称为正交矩阵，如果

$$UU^* = U^*U = I \tag{2.6}$$

复值方阵 $U \in \mathbf{C}^{n \times n}$ 称为酉矩阵。

定理 2.1[2]　　如果 $U \in \mathbf{C}^{n \times n}$, 则下列叙述是等价的：

(1) U 是酉矩阵。

(2) U 是非奇异的，且 $U^* = U^{-1}$。

(3) $UU^* = U^*U = I$。

(4) U^* 是酉矩阵。

(5) $U = [u_1, u_2, \cdots, u_n]$ 的列组成标准正交组，即

$$u_i^* u_j = \delta(i - j) = \begin{cases} 0, & j \neq i \\ 1, & j = i \end{cases}$$

(6) U 的行组成标准正交组。

(7) 令 $y = Ux, x \in \mathbf{C}^n$, 则 $y^*y = x^*x$。

一个对角元素只有 $+1$ 或者 -1 两种取值的 $N \times N$ 对角矩阵称为符号矩阵。利用符号矩阵，可以引出与正交矩阵相仿的 J 正交矩阵的定义，这个矩阵在本书的后面章节中将起重要作用。

定义 2.9   令 J 为 $N \times N$ 符号矩阵,满足

$$QJQ^{\mathrm{T}} = J \tag{2.7}$$

的 $N \times N$ 矩阵 Q,称为 J 正交矩阵。

由定义可知,当符号矩阵取为单位矩阵,即 $J = I$ 时,J 正交矩阵退化为正交矩阵。

定理 2.2[3] J 正交矩阵具有以下性质:

(1) J 正交矩阵 Q 非奇异,且 $|\det(Q)| = 1$。

(2) J 正交矩阵 Q 满足 $Q^{\mathrm{T}}JQ = J$。

证明   对式 (2.7) 两边取行列式,得

$$\det(Q)\det(J)\det(Q^{\mathrm{T}}) = \det(J)$$

因为 $\det(J) = 1$ 或者 -1, $\det(Q) = \det(Q^{\mathrm{T}})$, 所以有

$$\det(Q)^2 = 1$$

即 $|\det(Q)| = 1$, J 正交矩阵 Q 非奇异。

因为 $J^2 = I_N$,用 QJ 左乘式 (2.7),得

$$QJ(QJQ^{\mathrm{T}}) = QJJ = Q$$

因为 J 正交矩阵 Q 非奇异,对上式两边再左乘 JQ^{-1},得

$$J^2(QJQ^{\mathrm{T}}) = J$$

即 $Q^{\mathrm{T}}JQ = J$。   □

2.1.3   向量空间的基

基和正交都是数学中的重要概念,我们首先通过大家熟悉的欧式空间来引入基的相关概念。以向量为元素的集合称为向量空间。该空间为

线性空间，服从向量加法的交换律、结合率以及标量乘法的结合律和分配率。$\mathbf{R}^n$ 是向量空间最重要的例子。

对于一个正整数 n，n 元实数组 $[\ x_1,\ x_2,\ \cdots,\ x_n\ ]$ 的集合记为 $\mathbf{R}^n$。特别地，从几何的观点看，若 $n=2$，则 $\mathbf{R}^2$ 是一个二维平面，若 $n=3$，则 $\mathbf{R}^3$ 是一个三维空间。

如果对实的 n 维向量空间 $\mathbf{R}^n$ 定义向量 $x = [x_1, x_2, \cdots, x_n]^{\mathrm{T}}, y = [x_1, x_2, \cdots, x_n]^{\mathrm{T}}$ 之间的内积

$$< x, y >= \sum_{i=1}^{n} x_i y_i \tag{2.8}$$

则称 $\mathbf{R}^n$ 为 n 维欧几里得空间。

定义 2.10[3]　向量 $x_1, x_2, \cdots, x_n$ 的所有线性组合的集合称为由 $x_1, x_2, \cdots, x_n$ 张成的子空间，记作

$$X = \mathrm{Span}\{x_1, x_2, \cdots, x_n\} \tag{2.9}$$

向量 $x_1, x_2, \cdots, x_n$ 称为子空间 X 的生成元。

定义 2.11　生成子空间 X 的线性无关的向量 $\{x_1, x_2, \cdots, x_n\}$ 称为子空间 X 的基向量，简称基。生成子空间 X 的基向量的个数称为子空间 X 的维数，即

$$n = \dim(\mathrm{Span}\{x_1, x_2, \cdots, x_n\}) \tag{2.10}$$

需要指出的是，$\{x_1, x_2, \cdots, x_n\}$ 只是子空间 X 的一组基，而非唯一基。对于 n 维子空间 X，任何 n 个线性无关向量组合的集合都可以张成子空间 X。

例 2.1　$\mathbf{R}^3$ 子空间可以由基向量

$$e_1 = \begin{bmatrix} 1 \\ 0 \\ 0 \end{bmatrix}, \quad e_2 = \begin{bmatrix} 0 \\ 1 \\ 0 \end{bmatrix}, \quad e_3 = \begin{bmatrix} 0 \\ 0 \\ 1 \end{bmatrix}$$

生成，也可以由基向量

$$u_1 = \begin{bmatrix} 1 \\ 0 \\ 0 \end{bmatrix}, \quad u_2 = \begin{bmatrix} 0 \\ 1 \\ 0 \end{bmatrix}, \quad u_3 = \begin{bmatrix} 0 \\ 1 \\ 1 \end{bmatrix}$$

生成。这是因为 $\mathbf{R}^3$ 内的任意向量 $[a,b,c]^{\mathrm{T}}$ 都可以表示成线性组合

$$\begin{bmatrix} a \\ b \\ c \end{bmatrix} = a \begin{bmatrix} 1 \\ 0 \\ 0 \end{bmatrix} + b \begin{bmatrix} 0 \\ 1 \\ 0 \end{bmatrix} + c \begin{bmatrix} 0 \\ 0 \\ 1 \end{bmatrix}$$

或者

$$\begin{bmatrix} a \\ b \\ c \end{bmatrix} = a \begin{bmatrix} 1 \\ 0 \\ 0 \end{bmatrix} + (b-c) \begin{bmatrix} 0 \\ 1 \\ 0 \end{bmatrix} + c \begin{bmatrix} 0 \\ 1 \\ 1 \end{bmatrix}$$

定义 2.12 令 $\{x_1, x_2, \cdots, x_n\}$ 是子空间 $X = \mathrm{Span}\{x_1, x_2, \cdots, x_n\}$ 的基向量，如果这些基向量满足正交条件

$$< x_i, x_j > = x_i^{\mathrm{T}} x_j = 0, \quad \forall i \neq j \tag{2.11}$$

则称这些基向量为正交基向量。若这些正交基向量的范数全部等于 1，即

$$\|x_i\| = 1, \quad i = 1, 2, \cdots, n \tag{2.12}$$

则称为单位正交基或者标准正交基。

2.1.4 正交化过程

1. Gram-Schmidt 正交化

如前所述，线性无关的向量 $x_1, x_2, \cdots, x_n$ 构成了 n 维空间 $X = \mathrm{Span}\{x_1, x_2, \cdots, x_n\}$ 的基向量。但这组基通常不是正交的。在很多情况下，往往希望获得标准正交基。此时，可以采用 Gram-Schmidt 正交化的方法将 $x_1, x_2, \cdots, x_n$ 转换为标准正交向量组 $\{e_1, e_2, \cdots, e_n\}$。

定理 2.3[3]　令线性无关的向量 $x_1, x_2, \cdots, x_n$ 是 n 维空间 $\mathbf{R}^n$ 的任意一组基, 该空间的标准正交基 $\{e_1, e_2, \cdots, e_n\}$ 可以通过 Gram-Schmidt 正交化构造如下

$$p_1 = x_1, \quad e_1 = \frac{p_1}{\|p_1\|}$$

$$p_k = x_k - \sum_{i=1}^{k-1}(e_i^{\mathrm{T}} x_k)e_i, \quad e_k = \frac{p_k}{\|p_k\|} \tag{2.13}$$

式中, $2 \leqslant k \leqslant n$。

证明　先用数学归纳法证明由式 (2.13) 构造的向量 $\{e_1, e_2, \cdots, e_n\}$ 范数全为 1。因为 $x_1, x_2, \cdots, x_n$ 是非零向量组成的基, $e_1 = x_1/\|x_1\| = 1$, 所以

$$p_2 = x_2 - (e_1^{\mathrm{T}} x_2)e_1 = x_2 - \frac{x_1^{\mathrm{T}} x_2}{\|x_1\|^2} x_1$$

由于 x_2 和 x_1 线性无关, $p_2 \neq 0$, $\|e_2\| = \|p_2\|/\|p_2\| = 1$。假定 $\|e_3\| = 1, \cdots, \|e_{n-1}\| = 1$, 则

$$p_n = x_n - \sum_{i=1}^{n-1}(e_i^{\mathrm{T}} x_k)e_i = x_n - c_1 x_1 - \cdots - c_{n-1} x_{n-1}$$

由于 x_i 之间是线性无关的, 所以 $p_n \neq 0$, $\|e_n\| = \|p_n\|/\|p_n\| = 1$。

再用数学归纳法证明 e_i 之间的正交性。由于

$$p_1^{\mathrm{T}} p_2 = x_1^{\mathrm{T}}[x_2 - (e_1^{\mathrm{T}} x_2)e_1] = x_1^{\mathrm{T}} x_2 - \frac{x_1^{\mathrm{T}} x_2}{\|x_1\|^2} x_1^{\mathrm{T}} x_1 = 0$$

所以 $\langle e_1, e_2 \rangle = 0$。假设 $e_1, e_2, \cdots, e_{n-1}$ 正交, 对 $j < n$, 有

$$p_j^{\mathrm{T}} p_n = p_j^{\mathrm{T}}[x_n - \sum_{i=1}^{n-1}(e_i^{\mathrm{T}} x_n)e_i] = p_j^{\mathrm{T}} x_n - \sum_{i=1}^{n-1} \frac{p_i^{\mathrm{T}} x_n}{\|p_i\|} \cdot \frac{p_j^{\mathrm{T}} p_i}{\|p_i\|} = 0$$

所以有

$$\langle e_i, e_j \rangle = \begin{cases} 1, & i = j \\ 0, & i \neq j \end{cases}$$

这就证明了 $e_1, e_2, \cdots, e_n$ 构成标准正交基。　　　　　　　　□

例 2.2　考虑 $\mathbf{R}^3$ 空间内的基向量

$$u_1 = \begin{bmatrix} 1 \\ 0 \\ 0 \end{bmatrix}, \quad u_2 = \begin{bmatrix} 0 \\ 1 \\ 0 \end{bmatrix}, \quad u_3 = \begin{bmatrix} 0 \\ 1 \\ 1 \end{bmatrix}$$

利用 Gram-Schmidt 正交化方法来构造该空间的标准正交基。

$$e_1 = u_1 = \begin{bmatrix} 1 \\ 0 \\ 0 \end{bmatrix}$$

$$p_2 = u_2 - (e_1^{\mathrm{T}} u_2) e_1 = \begin{bmatrix} 0 \\ 1 \\ 0 \end{bmatrix}, \quad e_2 = p_2 / \|p_2\| = \begin{bmatrix} 0 \\ 1 \\ 0 \end{bmatrix}$$

$$p_3 = u_3 - \sum_{i=1}^{2} (e_i^{\mathrm{T}} u_3) e_i = \begin{bmatrix} 0 \\ 0 \\ 1 \end{bmatrix}, \quad e_3 = p_3 / \|p_3\| = \begin{bmatrix} 0 \\ 0 \\ 1 \end{bmatrix}$$

2. Arnoldi 正交化

Arnoldi 正交化过程常用来进行降维[4] 近似求解大规模线性方程组 $Ax = b$,其中 A 一般是稀疏矩阵。

考察如下代数方程

$$Ax = b \tag{2.14}$$

式中,$A \in \mathbf{R}^{n \times n}$ 为非奇异矩阵;$b \in \mathbf{R}^n$ 为给定向量。取 $x_0 \in \mathbf{R}^n$ 为任意初始近似向量,令 $x = x_0 + z$,则式 (2.14) 等价于

$$Az = \xi_0 \tag{2.15}$$

式中, $\xi_0 = b - Ax_0$。

令 K_r 为 $\mathbf{R}^n$ 的 r 维子空间, 基底为 $\{v_i\}_{i=1}^r$。在子空间 K_r 中寻找方程 (2.15) 的近似解 z_r, 使得残余向量 $\xi_0 - Az_r$ 与 K_r 正交, 即对任意 $w \in K_r$ 成立

$$\langle \xi_0 - Az_r, w \rangle = 0 \qquad (2.16)$$

记 $V_r = [v_1 \quad v_2 \quad \cdots \quad v_r] \in \mathbf{R}^{n \times r}$。由于存在 $y_r \in \mathbf{R}^r$ 使得 z_r 可表示为 $Z_r = V_r y_r$, 式 (2.16) 可改写为

$$(V_r^{\mathrm{T}} A V_r) y_r = V_r^{\mathrm{T}} \xi_0 \qquad (2.17)$$

假设矩阵 $V_r^{\mathrm{T}} A V_r$ 非奇异, 根据式 (2.17) 可得方程 (2.15) 的近似解为

$$z_r = V_r (V_r^{\mathrm{T}} A V_r)^{-1} V_r^{\mathrm{T}} \xi_0$$

从而方程 (2.14) 的近似解为

$$x_r = x_0 + V_r (V_r^{\mathrm{T}} A V_r)^{-1} V_r^{\mathrm{T}} \xi_0 \qquad (2.18)$$

当 $r = n$ 时, 近似解 z_r 即为方程 (2.15) 的精确解 z^*。

那么, 该如何选择子空间 K_r 及其相应的基底呢?

由矩阵的 Hamilton-Cayley 定理可知, 矩阵 A 满足特征方程

$$A^n + \alpha_1 A^{n-1} + \cdots + \alpha_n I = 0$$

式中, $\alpha_1, \alpha_2, \cdots, \alpha_n$ 是矩阵 A 的特征多项式的系数。由于矩阵 A 非奇异, 上式两端左乘 A^{-1}, 可以得到

$$A^{-1} = -\frac{1}{\alpha_n}(A^{n-1} + \alpha_1 A^{n-2} + \cdots + \alpha_{n-1} I)$$

这样, 存在常数 $\beta_i (i = 0, 1, \cdots, n-1)$ 使得方程 (2.15) 的精确解 z^* 可表示为

$$z^* = A^{-1} \xi_0 = \beta_{n-1} \xi_0 + \beta_{n-2} A \xi_0 + \cdots + \beta_0 A^{n-1} \xi_0$$

由此可知

$$z^* \in \mathrm{Span}\{\xi_0, A\xi_0, \cdots, A^{n-1}\xi_0\} \tag{2.19}$$

因此，可以选择 $K_r = \mathrm{Span}\{\xi_0, A\xi_0, \cdots, A^{n-1}\xi_0\}$。事实上，式 (2.19) 右端是一个 Krylov 子空间。

定义 2.13[5]　一个 r 维 Krylov 子空间就是由一个矩阵 $A \in \mathbf{R}^{n \times n}$ 以及一个向量 $b \in \mathbf{R}^n$ 生成的向量空间 $K_r(A:b) = \mathrm{span}\{b, Ab, \cdots, A^{r-1}b\}$。

定义 2.13 构造了子空间 K_r 的一组相应基底，但这组基不是正交基。应用 Arnoldi 过程可以得到 Krylov 子空间 $K_r(A:b)$ 的一组标准正交基底。给定矩阵 $A \in \mathbf{R}^{n \times n}$，向量 $b \in \mathbf{R}^n, r \in N$，Arnoldi 过程实质上就是对 $K_r(A:b)$ 进行标准 Gram-Schmidt 正交化过程，最终得到由标准正交基底所构成的矩阵 $V_r = [v_1 \quad v_2 \quad \cdots \quad v_r]$。

下面给出 Arnoldi 算法的具体步骤。

第一步　给定矩阵 $A \in \mathbf{R}^{n \times n}$ 和向量 $b \in \mathbf{R}^n$，初始化向量 $v_1 = b/\|b\|_2$。

第二步　计算

$$v_2 = \frac{Av_1 - \langle Av_1, v_1 \rangle v_1}{\|Av_1 - \langle Av_1, v_1 \rangle v_1\|_2}$$

记 $h_{11} = \langle Av_1, v_1 \rangle$, $h_{12} = \|Av_1 - \langle Av_1, v_1 \rangle v_1\|_2$。

第三步　依次下去，计算第 $r+1$ 项标准正交向量并记

$$h_{ir} = \langle Av_r, \quad v_i \rangle, \quad i = 1, 2, \cdots, r$$

$$h_{r+1,r} = \left\| Av_r - \sum_{i=1}^{r} \langle Av_r, v_i \rangle v_i \right\|_2$$

由上述算法可知

$$A_{v_r} = \sum_{i=1}^{r} h_{ir}v_i + h_{r+1,r}v_{r+1} \tag{2.20}$$

这样就有

$$V_r^{\mathrm{T}} A V_r = H_r$$

式中，$V_r = [v_1 \quad v_2 \quad \cdots \quad v_r] \in \mathbf{R}^{n \times r}$ 为标准列正交矩阵，$H_r \in \mathbf{R}^{r \times r}$ 为海森伯格矩阵，其具体形式为

$$
H_r = \begin{bmatrix}
h_{11} & h_{11} & \cdots & \cdots & h_{1r} \\
h_{21} & h_{22} & \ddots & \ddots & \vdots \\
0 & h_{32} & \ddots & \ddots & \vdots \\
\vdots & \ddots & \ddots & \ddots & h_{r+1,r} \\
0 & \cdots & 0 & h_{r,r-1} & h_{r,r}
\end{bmatrix}
$$

上述的海森伯格矩阵将在后续章节中多次出现，对采用正交化方法求解鲁棒控制问题非常重要。

3. Lanczos 正交化

经典 Lanczos 过程实际上就是对称矩阵的三对角化过程。设 $G \in \mathbf{R}^{n \times n}$ 为实对称矩阵，Lanczos 过程旨在寻找正交矩阵 $V \in \mathbf{R}^{n \times n}$，使得

$$
V^{\mathrm{T}} G V = T \tag{2.21}
$$

式中，T 为三对角阵。该形式的三对角阵在连续系统的鲁棒控制问题求解中也起着重要作用[6]。

首先，给出计算矩阵 V 和 T 的基本方法。记 $V_j = [v_1 \quad v_2 \quad \cdots \quad v_j]$，以及

$$
T_j = \begin{bmatrix}
\alpha_1 & \beta_1 & & & \\
\beta_1 & \alpha_2 & \ddots & & \\
& \ddots & \ddots & \ddots & \\
& & \ddots & \alpha_{j-1} & \beta_{j-1} \\
& & & \beta_{j-1} & \alpha_j
\end{bmatrix}, \quad j = 1, 2, \cdots, n
$$

并且约定

$$
\beta_0 v_0 = \beta_n v_{n+1} = 0, \quad V_n = V, \quad T_n = T \tag{2.22}
$$

比较 $GV = VT$ 两端每一列，得到

$$Gv_i = \beta_{i-1}v_{i-1} + \alpha_i v_i + \beta_i v_{i+1} \tag{2.23}$$

即

$$v_{i+1} = (Gv_i - \beta_{i-1}v_{i-1} - \alpha_i v_i)/\beta_i, \quad \beta_i \neq 0, \quad i = 1, 2, \cdots, n \tag{2.24}$$

由于 v_i 相互标准正交, 由式 (2.24) 可得

$$\alpha_i = v_i^{\mathrm{T}} Gv_i, \beta_i = v_{i+1}^{\mathrm{T}} Gv_i = \|Gv_i - \beta_{i-1}v_{i-1} - \alpha_i v_i\|_2 \tag{2.25}$$

可见, 若任意选取 $v_1 \in \mathbf{R}^n$ 满足 $\|v_1\|_2 = 1$, 给定实对称矩阵 G, 依次确定 v_i, α_i, β_i 即可确定正交矩阵 V 和三角矩阵 T。下面给出 Lanczos 过程算法的具体过程。

第一步　给定实对称矩阵 $G \in \mathbf{R}^{n\times n}$ 和向量 $v_1 \in \mathbf{R}^n$, 计算 $\alpha_1 = v_1^{\mathrm{T}} Gv_1$, 置 $\beta_0 = \beta_n = 0$。

第二步　当 $0 < i < n$ 时, 计算 $\xi_i = Gv_i - \beta_{i-1}v_{i-1} - \alpha_i v_i, \beta_i = \|\xi_i\|_2$。

第三步　若 $\beta_i \neq 0$, 计算 $v_{i+1} = \xi_i/\beta_i, \alpha_{i+1} = v_{i+1}^{\mathrm{T}} Gv_{i+1}$。令 $i = i+1$, 转入第二步; 否则, 停止运算。

在上述 Lanczos 算法过程中, 所得到的矩阵 V 为标准列正交矩阵, 并且矩阵 V 和 T 满足式 (2.21)。不难验证, 在这个算法过程中, 还有下式

$$GV_j = V_j Tj + \xi_j e_j^{\mathrm{T}} \tag{2.26}$$

成立。式中, e_j 是第 j 个元素为 1 的单位列向量。

如果在 Lanczos 迭代算法中恒有 $\beta_i \neq 0 (i = 1, 2, \cdots, n-1)$, 那么所产生的矩阵 V_n 和 T_n 将满足

$$V_n^{\mathrm{T}} GV_n = T_n, V_n^{\mathrm{T}} V_n = I_n, \tag{2.27}$$

这样就实现了矩阵 G 的三对角化过程。此外, Lanczos 算法也给出了求 Krylov 子空间基底的另一种方法。

如果对一个非对称矩阵实行三对角化, 上述 Lanczos 过程将失效. 但可以类似地采用非对称 Lanczos 正交化方法. 设 G 为非对称矩阵, 需要构造矩阵 V_n 和 W_n, 使得

$$W_n^{\mathrm{T}} V_n = I_n, \quad W_n^{\mathrm{T}} G V_n = T_n \tag{2.28}$$

式中, T_n 为非对称三角矩阵. 类似前面的记号, 记 $V_j = [v_1 \quad v_2 \quad \cdots \quad v_j]$, $W_j = [w_1 \quad w_2 \quad \cdots \quad w_j]$, 以及

$$T_j = \begin{bmatrix} \alpha_1 & \beta_2 & & & \\ \rho_2 & \alpha_2 & \beta_3 & & \\ & \rho_3 & \ddots & \ddots & \\ & & \ddots & \ddots & \beta_j \\ & & & \rho_j & \alpha_j \end{bmatrix}, \quad j = 1, 2, \cdots, n$$

注意, 若 $V_n T_n = G V_n$, 则有 $T_n = W_n^{\mathrm{T}} G V_n$. 比较式 $V_n T_n = G V_n$ 两端各列, 并且约定 $\beta_1 v_0 = 0, \rho_{n+1} v_{n+1} = 0$. 那么, 对 $i = 1, 2, \cdots, n$ 就有

$$G v_i = \beta_i v_{i-1} + \alpha_i v_i + \rho_{i+1} v_{i+1} \tag{2.29}$$

即

$$v_{i+1} = (G v_i - \beta_i v_{i-1} - \alpha_i v_i) / \rho_{i+1} \tag{2.30}$$

同理, 比较 $T_n W_n^{\mathrm{T}} = W_n^{\mathrm{T}} G$ 两端各列, 同时约定 $\rho_1 w_0 = 0, \beta n + 1 w_{n+1} = 0$. 那么, 对 $i = 1, 2, \cdots, n$ 便有

$$G^{\mathrm{T}} w_i = -\rho_i w_{i-1} + \alpha_i w_i + \beta_{i+1} w_{i+1} \tag{2.31}$$

即

$$w_{i+1} = (G^{\mathrm{T}} w_i - \rho_i w_{i-1} - \alpha_i w_i) / \beta_{i+1} \tag{2.32}$$

注意到 $W_n^{\mathrm{T}} V_n = I_n$, 故对式 (2.29) 两端左乘 w_i^{T}, 就得到 $\alpha_i = w_i^{\mathrm{T}} G^{\mathrm{T}} w_i$. 再由式 (2.29) 和式 (2.31), 便得到

$$\beta_{i+1} \rho_{i+1} = \|G^{\mathrm{T}} w_i - \rho_i w_{i-1} - \alpha_i w_i\|_2 \|G v_i - \beta_i v_{i-1} - \alpha_i v_i\|_2$$

这样, 给定非对称矩阵 G, 初始向量 v_1 和 w_1, 依次确定 $v_i, w_i, \alpha_i, \beta_i$, 即可得到三对角矩阵 T_n, 矩阵 V_n 和 W_n, 且 $W_n^{\mathrm{T}} V_n = I_n$。非对称 Lanczos 算法的具体过程如下。

第一步　给定非对称矩阵 G, 向量 l 和 c, 令 $w_1 = \langle l, c \rangle \neq 0, \rho_1 = \sqrt{|\omega_1|}, \beta_1 = \mathrm{sign}(\omega_1)\rho_1, v_1 = l/\rho_1, w_1 = c/\beta_1, v_0 = w_0 = 0$。

第二步　对 $i = 2, 3, \cdots, n$, 计算 $\alpha_{i-1} = w_{i-1}^{\mathrm{T}} G v_{i-1}, \hat{v}_i = G v_{i-1} - \beta_{i-1} v_{i-2} - \alpha_{i-1} v_{i-1}, \hat{w} = G^{\mathrm{T}} w_{i-1} - \rho_{i-1} w_{i-2} - \alpha_{i-1} w_{i-1}, \omega_i = \langle \hat{v}_i, \hat{w}_i \rangle$。

第三步　若 $\omega_i \neq 0$, 计算 $\rho_i = \sqrt{|\omega_i|}, \beta_i = \mathrm{sign}(\omega_i)\rho_i, v_i = \hat{v}_i/\rho_i, w_i = \hat{w}_i/\beta_i$。置 $i = i + 1$, 进入第二步; 否则, 算法终止。

2.2　矩　阵　分　解

本节主要介绍与鲁棒控制和模型降级方法相关的矩阵分解基本知识, 主要内容包括矩阵的 QR 分解、LU 分解和 SVD 分解。

2.2.1　QR 分解

设矩阵 $A \in \mathbf{C}^{m \times n}(m \geqslant n)$ 是列满秩的, A 的列向量为 $a_1, a_2, \cdots, a_n$。我们希望找到一组标准列正交向量 $q_1, q_2, \cdots, q_n$, 使得对任意给定的 $i(i = 1, 2, \cdots, n)$ 均满足

$$\mathrm{span}\{q_1, q_2, \cdots, q_i\} = \mathrm{span}\{a_1, a_2, \cdots, a_i\} \tag{2.33}$$

当式 (2.33) 成立时, $q_1, q_2, \cdots, q_i$ 可以表示成 $a_1, a_2, \cdots, a_i$ 的线性组合; 反之, $a_1, a_2, \cdots, a_i$ 也可以表示成 $q_1, q_2, \cdots, q_i$ 的线性组合。因此, 式 (2.33) 等价于

$$[a_1 \quad a_2 \quad \cdots \quad a_n] = [q_1 \quad q_2 \quad \cdots \quad q_n]\hat{R}$$

式中, $\hat{R} = (r_{ij}) \in \mathbf{C}^{n \times n}$, 这里 $r_{ii} \neq 0$, 当 $i > j$ 时, $r_{ij} = 0(i = 2, 3, \cdots, n, \quad j = 1, 2, \cdots, n - 1)$。注意到矩阵 $\hat{R}$ 的左上角 $i \times i$ 块矩阵

是非奇异的。进一步，有下列表达式

$$a_1 = r_{11}q_1$$
$$a_2 = r_{12}q_1 + r_{22}q_2$$
$$\vdots$$
$$a_n = r_{1n}q_1 + r_{2n}q_2 + \cdots + r_{nn}q_n$$

(2.34)

若记 $\hat{Q} = [q_1 \quad q_2 \quad \cdots \quad q_n]$，则有 $A = \hat{Q}\hat{R}$。其中，$\hat{Q}$ 是 $m \times n$ 的标准列正交矩阵，$\hat{R}$ 是 $n \times n$ 的上三角阵。我们将该分解称为 A 的约化 QR 分解，通常简称 QR 分解。

若扩充 $\hat{Q}$ 的 $m - n$ 个正交列，使其成为 m 阶酉矩阵 Q；相应地，对矩阵 $\hat{R}$ 附加 $m - n$ 行零元素，使其成为 $m \times n$ 矩阵 R，则有 $A = QR$，这样的分解称为 A 的完全 QR 分解。

根据方程组 (2.34) 可知，给定 $a_1, a_2, \cdots, a_n$，可用逐次正交化过程构造向量组 $q_1, q_2, \cdots, q_n$ 及元素 r_{ij}，这个过程即是 Gram-Schmidt 正交化过程，其具体计算过程为

$$q_1 = \frac{a_1}{r_{11}}, \quad q_2 = \frac{a_2 - r_{12}q_1}{r_{22}}, \cdots, \quad q_n = \frac{a_n - \sum\limits_{i=1}^{n-1} r_{in}q_i}{r_{nn}}$$

式中，$r_{ij} = q_i^H a_j (i < j), r_{jj} = \left\| a_j - \sum\limits_{i=1}^{j-1} r_{ij}q_i \right\|_2$。易知，$q_1, q_2, \cdots, q_n$ 为标准正交列向量。

定理 2.4[2]　设矩阵 $A \in \mathbf{C}^{m \times n}(m \geqslant n)$ 列满秩，则 A 可唯一地分解为

$$A = QR$$

(2.35)

式中，$Q \in \mathbf{C}^{m \times n}$ 是标准列正交矩阵，$R \in \mathbf{C}^{n \times n}$ 是对角线元素全为正的上三角矩阵。

证明　记矩阵 $A = [a_1 \quad a_2 \quad \cdots \quad a_n]$，因 $a_1, a_2, \cdots, a_n$ 线性无关，利用 Gram-Schmidt 正交化过程计算 $a_1, a_2, \cdots, a_n$ 对应的标准正交向量组 $q_1, q_2, \cdots, q_n$ 为

$$\begin{cases} q_1 = \dfrac{a_1}{\|a_1\|_2} \\[4mm] q_i = \dfrac{a_i - \displaystyle\sum_{j=1}^{i-1} \langle a_i, q_j \rangle q_j}{\left\| a_i - \displaystyle\sum_{j=1}^{i-1} \langle a_i, q_j \rangle q_j \right\|_2}, \quad i = 2, 3, \cdots, n \end{cases} \tag{2.36}$$

令

$$\begin{cases} k_{ij} = \langle a_i, q_j \rangle, \quad i = 2, 3, \cdots, n, \quad j = 1, 2, \cdots, i-1, \\[4mm] k_{ii} = \begin{cases} \|a_1\|_2, \quad i = 1 \\[4mm] \left\| a_i - \displaystyle\sum_{j=1}^{i-1} \langle a_i, q_j \rangle q_j \right\|_2, \quad i = 2, 3, \cdots, n \end{cases} \end{cases}$$

将上式代入方程组 (2.36)，经过整理可得

$$a_i = k_{1i}q_1 + k_{2i}q_2 + \cdots + k_{ii}q_i, \quad i = 1, 2, \cdots, n$$

这样，就有

$$A = [k_{11}q_1 \quad k_{12}q_1 + k_{22}q_2 + \cdots + k_{1n}q_1 + k_{2n}q_2 + \cdots + k_{nn}q_n] = QR$$

式中，$Q = [q_1 \quad q_2 \quad \cdots \quad q_n]$；$R$ 是对角线元素为 $k_{ii}(i = 1, 2, \cdots, n)$ 的上三角矩阵。由于 $q_1, q_2, \cdots, q_n$ 是一组标准列正交向量组，故 Q 是标准列正交矩阵。又因为 $k_{ii} > 0(i = 1, 2, \cdots, n)$，所以分解式 (2.35) 成立。

现在，证明分解式 (2.35) 的唯一性。假设 A 有两种分解式 $A = Q_1 R_1 = Q_2 R_2$，其中，Q_1 和 Q_2 都是标准列正交矩阵，R_1 和 R_2 都是对角线元素为正的上三角复矩阵。将矩阵 Q_1 和 Q_2 分别扩充为酉矩阵 $[Q_1 \quad P_1]$ 和 $[Q_2 \quad P_2]$，即 $[Q_1 \quad P_1]^{\mathrm{H}}[Q_1 \quad P_1] = I_m, [Q_2 \quad P_2]^{\mathrm{H}}[Q_2 \quad P_2] = I_m$。易见，下式

$$A = [Q_1 \quad P_1] \begin{bmatrix} R_1 \\ 0 \end{bmatrix} = [Q_2 \quad P_2] \begin{bmatrix} R_2 \\ 0 \end{bmatrix}$$

成立。进一步，可以推得

$$\begin{bmatrix} R_1 \\ 0 \end{bmatrix} = [Q_1 \quad P_1]^{\mathrm{H}} [Q_2 \quad P_2] \begin{bmatrix} R_2 \\ 0 \end{bmatrix} = V \begin{bmatrix} R_2 \\ 0 \end{bmatrix} \tag{2.37}$$

式中，$V = [Q_1 \quad P_1]^{\mathrm{H}} [Q_2 \quad P_2]$。由于 $[Q_1 \quad P_1]$ 和 $[Q_2 \quad P_2]$ 都是酉矩阵，从而 V 也是酉矩阵。

记 $V = (v_{ij}) \in \mathbf{C}^{m \times m}, R_1 = (k_{ij}) \in \mathbf{C}^{n \times n}, R_2 = (l_{ij}) \in \mathbf{C}^{n \times n}$，其中 $k_{ii} > 0, l_{ii} > 0$，当 $i > j$ 时，$k_{ij} = l_{ij} = 0(i = 2, 3, \cdots, n, j = 1, 2, \cdots, n - 1)$。首先，比较式 (2.37) 两边矩阵的第一列所对应的元素可得

$$k_{11} = v_{11} l_{11}, \quad 0 = v_{i1} l_{11}, \quad i = 2, 3, \cdots, m$$

因为 $l_{11} > 0$，所以有 $v_{21} = v_{31} = \cdots = v_{m1} = 0$。又因为 V 是酉矩阵，它的列向量是单位向量，因此 $v_{11} = 1$。考虑到 V 的第一列向量与其余列向量正交，于是有 $v_{12} = v_{13} = \cdots = v_{1m} = 0$，也就是

$$V = \begin{bmatrix} 1 & 0 & \cdots & 0 \\ 0 & v_{22} & \cdots & v_{2m} \\ \vdots & \vdots & & \vdots \\ 0 & v_{m2} & \cdots & v_{mm} \end{bmatrix}$$

其次，将上述 V 代入式 (2.37)，然后比较两端矩阵的第二列所对应的元素便有

$$v_{22} = 1, \quad v_{i1} = v_{2i} = 0, \quad i = 3, 4, \cdots, m$$

依此类推，最终可得 $V = \mathrm{diag}\{I_n, \quad F\}$。其中，$F$ 为 $(m - n) \times (m - n)$ 矩阵。因此可得 $Q_1^{\mathrm{H}} Q_2 = I_n$。从而有 $R_1 = Q_1^{\mathrm{H}} Q_2 R_2 = R_2$，即分解式 (2.35) 是唯一的。证毕。 □

对于非奇异实矩阵, 还有如下推论。

推论 2.1　设矩阵 $A \in \mathbf{C}^{n \times n}$ 非奇异, 则 A 可唯一地分解为 $A = QR$。其中, Q 是正交矩阵, R 是对角线元素为正的上三角实矩阵。

2.2.2　LU 分解

如果方阵 A 可以分解成一个下三角矩阵 L 和一个上三角矩阵 U 的乘积, 则称 A 可做三角分解。基于这种分解的表达式, 有时亦称三角分解为 LU 分解。如果 L 是单位下三角矩阵, U 为上三角矩阵, 则称为 Doolittle 分解; 如果 L 是下三角矩阵, 而 U 是单位上三角矩阵, 则称为 Crout 分解; 如果 A 为正定矩阵, $U = L^{\mathrm{T}}$, 则称为 Cholesky 分解。下面先对一般复矩阵介绍最基本的 LU 分解定理, 然后给出 Doolittle 分解、Crout 分解和 Cholesky 分解的具体计算公式。

定理 2.5[5]　设 $A \in \mathbf{C}^{n \times n}$, 用 L 表示下三角复矩阵, L^* 表示单位下三角复矩阵, U 表示上三角复矩阵, U^* 表示单位上三角复矩阵, D 表示对角矩阵, 则下列命题等价。

(1) A 的各阶顺序主子式

$$
\Delta_k = \begin{bmatrix} a_{11} & a_{12} & \cdots & a_{1k} \\ a_{21} & a_{22} & \cdots & a_{2k} \\ \vdots & \vdots & & \vdots \\ a_{k1} & a_{k2} & \cdots & a_{kk} \end{bmatrix} \neq 0, \quad k = 1, 2, \cdots, n
$$

(2) A 可唯一地分解为 $A = LU^*$, 并且 L 的对角线元素不为零。

(3) A 可唯一地分解为 $A = L^*DU^*$, 并且 D 的对角线元素不为零。

(4) A 可唯一地分解为 $A = L^*U$, 并且 U 的对角线元素不为零。

证明　命题 (1)⇒ 命题 (2) 采用归纳法证明。先证明分解式 $A = LU^*$ 的存在性。

当 A 是 1 阶矩阵时, 分解式显然成立。假设对任意 $n-1$ 阶方阵 A, 均存在对角线元素不为零的下三角复矩阵 L_1 和单位上三角复矩阵 U^*,

使得 $A = L_1 U^*$ 成立。

当 A 是 n 阶方阵时, 将 A 分块为如下形式

$$A = \begin{bmatrix} A_{n-1} & \beta \\ \alpha & a_{nn} \end{bmatrix}$$

因为 $\Delta_k \neq 0 \quad (k = 1, 2, \cdots, n)$, 所以 A_{n-1} 是 $n-1$ 阶满秩方阵。这样, 就有

$$\begin{bmatrix} A_{n-1} & \beta \\ \alpha & a_{nn} \end{bmatrix} \begin{bmatrix} I_{n-1} & -A_{n-1}^{-1}\beta \\ 0 & 1 \end{bmatrix} = \begin{bmatrix} A_{n-1} & 0 \\ \alpha & a_{nn} - \alpha A_{n-1}^{-1}\beta \end{bmatrix}$$

由于 A 是非奇异矩阵, 上式左端矩阵的秩为 n, 这样右端矩阵的秩也为 n, 所以有 $a_{nn} - \alpha A_{n-1}^{-1}\beta \neq 0$。由归纳假设可知 $A_{n-1} = L_1 U_1^*$, 从而有

$$\begin{aligned} A &= \begin{bmatrix} A_{n-1} & 0 \\ \alpha & a_{nn} - \alpha A_{n-1}^{-1}\beta \end{bmatrix} \begin{bmatrix} I_{n-1} & A_{n-1}^{-1}\beta \\ 0 & 1 \end{bmatrix} \\ &= \begin{bmatrix} L_1 U_1^* & -0 \\ \alpha & a_{nn} - \alpha A_{n-1}^{-1}\beta \end{bmatrix} \begin{bmatrix} I_{n-1} & A_{n-1}^{-1}\beta \\ 0 & 1 \end{bmatrix} \\ &= \begin{bmatrix} L_1 & 0 \\ \alpha (U_1^*)^{-1} & a_{nn} - \alpha A_{n-1}^{-1}\beta \end{bmatrix} \begin{bmatrix} U_1^* & 0 \\ 0 & 1 \end{bmatrix} \begin{bmatrix} I_{n-1}^* & A_{n-1}^{-1}\beta \\ 0 & 1 \end{bmatrix} \\ &= LU^* \end{aligned}$$

式中

$$L = \begin{bmatrix} L_1 & 0 \\ \alpha (U_1^*)^{-1} & a_{nn} - \alpha A_{n-1}^{-1}\beta \end{bmatrix}$$

$$U^* = \begin{bmatrix} U_1^* I_{n-1}^* & U_1^* A_{n-1}^{-1}\beta \\ 0 & 1 \end{bmatrix}$$

所以, L 是对角线元素不为零的下三角复矩阵, U^* 是单位上三角复矩阵, 分解式的存在性得证。

再证唯一性。若有两个满足条件的分解式, 使得 $A = \hat{L}_1\hat{U}_1^* = \hat{L}_2\hat{U}_2^*$。于是, 式 $\hat{U}_1^*(\hat{U}_2^*)^{-1} = (\hat{L}_1)^{-1}\hat{L}_2$ 成立, 注意, 该式左端是单位上三角矩阵, 右端是下三角复矩阵, 因此, $\hat{U}_1^*(\hat{U}_2^*)^{-1} = (\hat{L}_1)^{-1}\hat{L}_2 = I_n$ 成立, 即 $\hat{U}_1^* = \hat{U}_2^*, \hat{L}_1 = \hat{L}_2$, 唯一性的得证, 命题 (2) 成立。

证明命题 $(2) \Rightarrow$ 命题 (3)。

由于 A 可唯一分解为 $A = LU^*$, 并且 $L = (l_{ij})$ 是对角线元素不为零的下三角矩阵, 故可设 $L = (l_{ij}) \in \mathbf{C}^{n\times n}$。其中, $l_{ii} \neq 0$, 当 $j > i$ 时, $l_{ii} = 0\,(i = 1, 2, \cdots, n-1,\ j = 2, 3, \cdots, n)$, 由于 $l_{ii} \neq 0\,(i = 1, 2, \cdots, n)$, 可将矩阵 L 分解为 $L = L^*D$, 其中

$$L^* = \begin{bmatrix} 1 & & & \\ l_{11}^{-1}l_{21} & 1 & & \\ \vdots & \ddots & \ddots & \\ l_{11}^{-1}l_{n1} & \cdots & l_{n-1,n-1}^{-1}l_{n,n-1} & 1 \end{bmatrix}$$

$$D = \mathrm{diag}\{l_{11}, l_{22}, \cdots, l_{nn}\}$$

将 $L = L^*D$ 代入 $A = LU^*$, 便有 $A = L^*DU^*$, 即命题 (3) 成立。

证明命题 $(3) \Rightarrow$ 命题 (4)。

由于 A 可唯一分解为 $A = L^*DU^*$, 并且 D 的对角线元素不为零。设 $U = DU^*$, 易知 U 是对角线元素上不为零的上三角复矩阵。从而可知, A 存在唯一的分解式 $A = L^*U$, 即命题 (4) 成立。

证明命题 $(4) \Rightarrow$ 命题 (1)。

由于 A 可唯一分解为 $A = L^*U$, 并且 U 的对角线元素不为零, 对矩阵 A, L^* 和 U 进行分块, 得到

$$A = \begin{bmatrix} A_{11} & A_{12} \\ A_{21} & A_{22} \end{bmatrix} = \begin{bmatrix} L_{11}^* & 0 \\ L_{21}^* & L_{22}^* \end{bmatrix} \begin{bmatrix} U_{11} & U_{12} \\ 0 & U_{22} \end{bmatrix}$$

$$= \begin{bmatrix} L_{11}^*U_{11} & L_{11}^*U_{12} \\ L_{21}^*U_{11} & L_{21}^*U_{12} + L_{22}^*U_{22} \end{bmatrix} \tag{2.38}$$

式中，A_{11} 是 k 阶方阵，A_{11} 的行列式是 A 的 k 阶顺序主子式，即 $\Delta_k = \det(A_{11}), k = 1, 2, \cdots, n$ 成立。比较式 (2.38) 两端，$A_{11} = L_{11}^* U_{11}$ 成立。其中，$U_{11} = (r_{ij}) \in \mathbf{C}^{k \times k}$，这里，当 $i > j$ 时，$r_{ij} = 0 (i = 2, 3, \cdots, k, \ j = 1, 2, \cdots, k-1)$。注意，$L_{11}^*$ 是单位下三角复矩阵，可以知道

$$\Delta_k = \det(L_{11}^*)\det(U_{11}) = r_{11} r_{22} \cdots r_{kk}, \quad k = 1, 2, \cdots, n$$

因为，U 的对角线元素不为零，所以 A 的顺序主子式 $\Delta_k \neq 0$。从而，命题 (1) 成立。证毕。 $\square$

以下介绍 Doolittle 分解、Crout 分解和 Cholesky 分解的具体计算公式。

1. Doolittle 分解

设 $A = L^* U$，其中，$L^* \in \mathbf{C}^{n \times n}$ 为单位下三角矩阵，$U \in \mathbf{C}^{n \times n}$ 为上三角矩阵。记 $A = (a_{ij}) \in \mathbf{C}^{n \times n}, L^* = (l_{ij}) \in \mathbf{C}^{n \times n}, U = (u_{ij}) \in \mathbf{C}^{n \times n}$。其中，$l_{ii} = 1$，当 $i < j$ 时，$l_{ij} = 0(i = 1, 2, \cdots, n-1, j = 2, 3, \cdots, n)$；当 $i > j$ 时，$u_{ij} = 0(i = 2, 3, \cdots, n, \ j = 1, 2, \cdots, n-1)$。那么，比较等式 $A = L^* U$ 两端第 i 行和第 j 列的元素，就有

$$a_{ij} = \sum_{k=1}^{n} l_{ik} u_{kj}$$

注意，$l_{i,i+1} = \cdots = l_{in} = u_{j+1,j} = \cdots = u_{nj} = 0$，所以前面式子可以写成

$$a_{ij} = \sum_{k=1}^{i} l_{ik} u_{kj} = \sum_{k=1}^{i-1} l_{ik} u_{kj} + u_{ij}, \quad i \leqslant j$$

从而有

$$u_{ij} = a_{ij} - \sum_{k=1}^{i-1} l_{ik} u_{kj}, \quad j = i, i+1, \cdots, n \tag{2.39}$$

成立。

当 $j = i+1, i+2, \cdots, n$ 时，还有

$$a_{ji} = \sum_{k=1}^{i} l_{jk}u_{ki} = \sum_{k=1}^{i-1} l_{jk}u_{ki} + l_{ji}u_{ii}$$

这样，得到

$$l_{ji} = \dfrac{a_{ji} - \displaystyle\sum_{k=1}^{i-1} l_{jk}u_{ki}}{u_{ii}}, \quad j = i+1, i+2, \cdots, n \tag{2.40}$$

通过取 $i = 1, 2, \cdots, n$，就可以由式 (2.39) 和式 (2.40) 计算出 Doolittle 分解中矩阵 L^* 和 U 的全部元素。

2. Crout 分解

设 $A = LU^*$，其中，$L^* \in \mathbf{C}^{n \times n}$ 为下三角矩阵，$U^* \in \mathbf{C}^{n \times n}$ 为单位上三角矩阵。记 $A = (a_{ij}) \in \mathbf{C}^{n \times n}$，$L = (l_{ij}) \in \mathbf{C}^{n \times n}$，$U^* = (u_{ij}) \in \mathbf{C}^{n \times n}$。其中，$u_{ii} = 1$，当 $i < j$ 时，$l_{ij} = 0(i = 1, 2, \cdots, n-1, \ j = 2, 3, \cdots, n)$；当 $i > j$ 时，$u_{ij} = 0(i = 2, 3, \cdots, n, \ j = 1, 2, \cdots, n-1)$。考察等式 $A = LU^*$ 两端第 i 行和第 j 列的元素，得到

$$a_{ij} = [l_{i1} \quad \cdots \quad l_{ii} \quad 0 \quad \cdots \quad 0][u_{1,j} \quad \cdots \quad 1 \quad 0 \quad \cdots \quad 0]^{\mathrm{T}}$$

当 $i \geqslant j$ 时，由于 $a_{ij} = \sum\limits_{k=1}^{j} l_{ik}u_{kj} = \sum\limits_{k=1}^{j-1} l_{ik}u_{kj} + l_{ij}$，可得

$$l_{ij} = a_{ij} - \sum_{k=1}^{j-1} l_{ik}u_{kj}, \quad i = 1, 2, \cdots, n, \quad j = 1, 2, \cdots, i \tag{2.41}$$

当 $i < j$ 时，由于 $a_{ij} = \sum\limits_{k=1}^{i} l_{ik}u_{kj} = \sum\limits_{k=1}^{i-1} l_{ik}u_{kj} + l_{ii}u_{ij}$，又可得

$$u_{ij} = \dfrac{a_{ij} - \displaystyle\sum_{k=1}^{i-1} l_{ik}u_{kj}}{l_{ii}}, \quad i = 1, 2, \cdots, j-1, \quad j = 2, 3, \cdots, n \tag{2.42}$$

这样，由式 (2.41) 和式 (2.42) 就可以求出 Crout 分解中矩阵 L 和 U^* 的所有元素。

3. Cholesky 分解

首先来回顾一下正定矩阵的定义和一些重要性质。

定义 2.14 若矩阵 $A \in \mathbf{C}^{n \times n}$ 满足 $A^{\mathrm{H}} = A$, 并且对任意非零向量 $x \in \mathbf{C}^n$, 满足

$$x^{\mathrm{H}} A x > 0 \quad (x^{\mathrm{H}} A x \geqslant 0) \tag{2.43}$$

则称 A 为正定 (半正定) 矩阵, 相应简写为 $A > 0 (A \geqslant 0)$。

引理 2.1 若 A 是正定 (半正定) 矩阵, 则有

(1) 对任意 n 阶非奇异矩阵 $P, B = P^{\mathrm{H}} A P$ 是正定 (半正定) 矩阵。

(2) A 的各阶主子阵 $A_k (k = 1, 2, \cdots, n)$ 是正定 (半正定) 矩阵。

(3) 矩阵 A 的特征值均是正 (非负) 数。

除 Doolittle 分解和 Crout 三角分解, 针对正定矩阵还有一种高效的 Cholesky 分解。

定理 2.6 设 A 是正定矩阵, 则存在正定矩阵 B, 使得 $A = B^2$。

证明 因为 A 为正定矩阵, 故存在酉矩阵 V, 使得

$$A = V \operatorname{diag}\{\lambda_1, \lambda_2, \cdots, \lambda_n\} V^{\mathrm{H}}$$

式中, $\lambda_i (i = 1, 2, \cdots, n)$ 为 A 的特征值。令 $B = V \operatorname{diag}\{\sqrt{\lambda_1}, \sqrt{\lambda_2}, \cdots, \sqrt{\lambda_n}\} V^{\mathrm{H}}$, 则 B 是正定的, 并且 $B^2 = A$。证毕。 □

现在来给出具体地 Cholesky 分解计算公式。设 A 是正定矩阵, 由定理 2.5 知存在唯一的分解式

$$A = L^* D U^* \tag{2.44}$$

式中, L^* 是单位下三角矩阵; U^* 是单位上三角矩阵; D 是对角线元素为正的对角矩阵。由于 $A^{\mathrm{H}} = A$, 故有 $U^* = (L^*)^{\mathrm{H}}$。这样, 式 (2.44) 可表示为

$$A = L^* D (L^*)^{\mathrm{H}}$$

若记

$$D^{\frac{1}{2}} = V \operatorname{diag}\{\sqrt{d_1}, \sqrt{d_2}, \cdots, \sqrt{d_n}\}$$

则有

$$A = L^*D(L^*)^{\mathrm{H}} = L^*D^{\frac{1}{2}}D^{\frac{1}{2}}(L^*)^{\mathrm{H}} = LL^{\mathrm{H}} \tag{2.45}$$

式中，$L = L^*D^{\frac{1}{2}}$ 是下三角矩阵。通常，称分解 $A = LL^{\mathrm{H}}$ 为正定矩阵 A 的 Cholesky 分解。为了计算矩阵 L 的元素，比较式 (2.45) 两端矩阵的元素，得到

$$a_{ii} = |l_{i1}|^2 + |l_{i2}|^2 + \cdots + |l_{ii}|^2, \quad i = 1, 2, \cdots, n$$

$$a_{ij} = l_{i1}\bar{l}_{j1} + l_{i2}\bar{l}_{j2} + \cdots + l_{ij}\bar{l}_{jj}, \quad j = 1, 2, \cdots, i-1$$

由此推得

$$l_{ii} = \left(a_{ii} - \sum_{k=1}^{i-1} |l_{ik}|^2 \right)^{\frac{1}{2}}$$

$$l_{ij} = \frac{a_{ij} - \sum_{k=1}^{j-1} l_{ik}\bar{l}_{jk}}{\bar{l}_{jj}}, \quad i = 1, 2, \cdots, n, \quad j = 1, 2, \cdots, i-1$$

以上即是正定矩阵 A 的 Cholesky 分解的具体计算公式。

2.2.3 SVD 分解

奇异值分解是现代数值分析的最基本和最重要的工具之一，在鲁棒控制中有着极其重要的地位。一般情况下，n 阶方阵相似于 Jordan 标准型。事实上，任意 n 阶方阵均可以酉相似于一个上三角矩阵。

定理 2.7(Schur 定理)[3]   任给矩阵 $A \in \mathbf{C}^{n \times n}$，存在酉矩阵 $U \in \mathbf{C}^{n \times n}$，使得

$$U^{\mathrm{H}}AU = T$$

式中，$T = (\tau_{ij})$ 是上三角矩阵，即

$$\tau_{ij} = 0, \quad \forall i > j$$

并且矩阵 T 的对角元 $\tau_{11}, \cdots, \tau_{nn}$ 就是其特征值。

证明　对矩阵阶次 n 用归纳法证明。

当 $n = 1$ 时，定理显然成立。现设 $n = m - 1$ 时定理成立，讨论 $n = m$ 的情形。

设 $A \in \mathbf{C}^{m \times m}$ 有特征值 $\lambda \in \mathbf{C}$ 及对应的单位特征向量 $\xi \in \mathbf{C}^m$，即

$$A\xi = \lambda\xi, \quad \xi^{\mathrm{H}}\xi = 1$$

作 $\mathbf{N}\xi^{\mathrm{H}}$ 的单位正交基 $\{e_1, \cdots, e_{m-1}\}$，记

$$U_1 = [e_1 \quad \cdots \quad e_{m-1}], \quad U = [\xi \quad U_1]$$

显然 $U \in \mathbf{C}^{m \times m}$ 是酉矩阵，注意

$$U^{\mathrm{H}}AU = \begin{bmatrix} \xi^{\mathrm{H}} \\ U_1^{\mathrm{H}} \end{bmatrix} \begin{bmatrix} \lambda\xi & AU_1 \end{bmatrix} = \begin{bmatrix} \lambda & \xi^{\mathrm{H}}AU_1 \\ 0 & U_1^{\mathrm{H}}AU_1 \end{bmatrix}$$

这里，$U_1^{\mathrm{H}}AU_1 \in \mathbf{C}^{(m-1) \times (m-1)}$ 按归纳假定存在酉矩阵 $V_1 \in \mathbf{C}^{(m-1) \times (m-1)}$ 将之化为上三角矩阵

$$V_1^{\mathrm{H}}U_1^{\mathrm{H}}AU_1V_1 = T_1$$

式中，T_1 的对角元 $U_1^{\mathrm{H}}AU_1$ 也是 A 的特征值。作酉矩阵

$$V = U \begin{bmatrix} 1 & 0 \\ 0 & V_1 \end{bmatrix}$$

那么

$$V^{\mathrm{H}}AV = \begin{bmatrix} \lambda & \xi^{\mathrm{H}}AU_1V_1 \\ 0 & T_1 \end{bmatrix} \triangleq T$$

是上三角矩阵，且 T 的对角元是 A 的特征值。　　　　□

定义 2.15　对于 n 阶矩阵 $A \in \mathbf{C}^{n \times n}$，其特征方程

$$\det(\lambda I - A) = 0$$

的 n 个根称为 A 的特征根。

若存在非零向量 $x \in \mathbf{C}^n$，满足

$$Ax = \lambda_i x$$

则称 x 为 A 的属于特征值 λ_i 的右特征向量。相应地，如果存在非零向量 $y \in \mathbf{C}^n$，满足

$$y^{\mathrm{T}} A = \lambda_i y^{\mathrm{T}}$$

则称 y 为 A 的属于特征值 λ_i 的左特征向量。

定义 2.16　令 $A \in \mathbf{C}^{m \times n}$，把 A^*A 所有特征值的平方根 $\sqrt{\lambda_1}, \cdots,$ $\sqrt{\lambda_n}$ 称为 A 的奇异值，记为 $\sigma_i = \sqrt{\lambda_i}, i = 1, 2, \cdots, n$。即

$$\sigma_i = \sqrt{\lambda_i(A^*A)}, \quad i = 1, 2, \cdots, n \tag{2.46}$$

对于矩阵 $A \in \mathbf{C}^{m \times n}$，$n \times n$ 方阵 A^*A 和 $m \times m$ 方阵 AA^* 均为非负定阵，并且有

$$\mathrm{rank}(A^*A) = \mathrm{rank}(AA^*) = \mathrm{rank}(A) = r$$

式中，$\mathrm{rank}(A)$ 为矩阵 A 的秩。容易证明 A^*A 和 AA^* 有相同的正特征值，即

$$\lambda_i(A^*A) = \lambda_i(AA^*) > 0, \quad i = 1, 2, \cdots, n$$

而其余的特征值全为零。对 A 的奇异值显然也有

$$\sigma_{r+1} = \sigma_{r+2} = \cdots = \sigma_n = 0$$

定理 2.8[7](奇异值分解)　令 $A \in \mathbf{R}^{m \times n}$(或 $\mathbf{C}^{m \times n}$) 且 $\mathrm{rank}(A) = r$。则存在正交矩阵 (或酉阵)$U \in \mathbf{R}^{m \times m}$(或 $\mathbf{C}^{m \times m}$) 和 $V \in \mathbf{R}^{n \times n}$(或 $\mathbf{C}^{n \times n}$) 使得

$$A = U\Sigma V^{\mathrm{T}}(\text{或 } U\Sigma V^*) \tag{2.47}$$

式中

$$\Sigma = \begin{bmatrix} \Sigma_1 & 0 \\ 0 & 0 \end{bmatrix} \tag{2.48}$$

$\Sigma_1 = \mathrm{diag}(\sigma_1, \cdots, \sigma_r)$，且 $\sigma_1 \geqslant \cdots \geqslant \sigma_r > 0$。

证明 令 $A^{\mathrm{T}}A$ 的特征值为 $\sigma_1^2, \sigma_2^2, \cdots, \sigma_n^2$，且满足

$$\sigma_1 \geqslant \sigma_2 \geqslant \cdots \geqslant \sigma_r > 0 = \sigma_{r+1} = \cdots = \sigma_n$$

令 $v_1, v_2, \cdots, v_n$ 是对应的正交特征向量组。记

$$V_1 = [v_1, v_2, \cdots, v_r]$$
$$V_2 = [v_{r+1}, v_{r+2}, \cdots, v_n]$$
$$\Sigma_1 = \mathrm{diag}(\sigma_1, \cdots, \sigma_r)$$

则有 $A^{\mathrm{T}}AV_1 = V_1\Sigma_1^2$，由此有

$$\Sigma_1^{-1}V_1^{\mathrm{T}}A^{\mathrm{T}}AV_1\Sigma_1^{-1} = I \tag{2.49}$$

令 $U_1 = AV_1\Sigma_1^{-1}$，则由式 (2.49)，可得

$$U_1^{\mathrm{T}}U_1 = I$$

另外，由 $A^{\mathrm{T}}AV_2 = V_2 \times 0$，可得

$$V_2^{\mathrm{T}}A^{\mathrm{T}}AV_2 = 0$$

因此，$AV_2 = 0$。任意选择 U_2 使得 $U = [U_1, U_2]$ 为正交矩阵。于是

$$U^{\mathrm{T}}AV = \begin{bmatrix} U_1^{\mathrm{T}}AV_1 & U_1^{\mathrm{T}}AV_2 \\ U_2^{\mathrm{T}}AV_1 & U_2^{\mathrm{T}}AV_2 \end{bmatrix} = \begin{bmatrix} \Sigma_1 & 0 \\ U_2^{\mathrm{T}}U_1\Sigma_1 & 0 \end{bmatrix} = \begin{bmatrix} \Sigma_1 & 0 \\ 0 & 0 \end{bmatrix} = \Sigma$$

也即 $A = U\Sigma V^{\mathrm{T}}$。 □

U 和 V 的列向量分别称为矩阵 A 的左、右奇异向量。

2.3 信号与系统

2.3.1 基本概念

定义 2.17 一个 n 维信号是具有如下形式的双向序列 (bilateral)

$$x = \{\cdots, x(-2), x(-1), |x(0), x(1), \cdots\}$$

式中, $x(k) \in \mathbf{R}^n$; 时间坐标取值为整数集 $\mathbf{Z}$。

通常, 我们将信号 x 写成为无穷列向量的形式

$$x = \begin{bmatrix} \vdots \\ x(-1) \\ \hline x(0) \\ x(1) \\ \vdots \end{bmatrix}$$

我们将所有信号的集合标记为 $\ell^n(\mathbf{Z})$, 显然 $\ell^n(\mathbf{Z})$ 是一个无穷维的线性空间。

通常, 我们会经常用到如下的单向信号 (unilateral)

$$x = \{x(0), x(1), \cdots\}$$

式中, $x(k) \in \mathbf{R}^n$。将这类信号的集合标记为 $\ell^n(\mathbf{Z}_+)$, 显然 $\ell^n(\mathbf{Z}_+)$ 也是一个线性空间。该空间可以认为是 $\ell^n(\mathbf{Z})$ 的一个子空间, 即我们将

$$\{x(0), x(1), \cdots\}$$

看做是

$$\{\cdots, 0, 0, |x(0), x(1), \cdots\}$$

类似地, 所有负方向的信号

$$\{\cdots, x(-2), x(-1)\}$$

组成的集合标记为 $\ell^n(\mathbf{Z}_-)$。显然这个集合也可以看做是 $\ell^n(\mathbf{Z})$ 的子空间, 即我们将上述单向信号看成是

$$\{\cdots, x(-2), x(-1), |0, 0, \cdots\}$$

显然如上的两个子空间 $\ell^n(\mathbf{Z}_-)$ 和 $\ell^n(\mathbf{Z}_+)$ 是互补的, 并且满足

$$\ell^n(\mathbf{Z}_-) \oplus \ell^n(\mathbf{Z}_+) = \ell^n(\mathbf{Z})$$

定义 2.18 所谓系统是指从 $\ell^m(\mathbf{Z})$ 的子集到 $\ell^p(\mathbf{Z})$ 的子集的映射，并记为

$$F : \ell^m(\mathbf{Z}) \to \ell^p(\mathbf{Z})$$

我们通常将系统用如图 2.1 所示的方块图来表示。其中，u 是系统的输入信号，y 是系统的输出信号。系统所有可取的输入信号 $u \in \ell^m(\mathbf{Z})$ 的集合称为 F 的定义域，记作 $\mathcal{D}(F)$。集合 $F\mathcal{D}(F)$ 称为 F 的值域，记作 $\mathcal{R}(F)$。

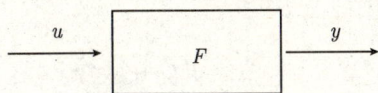

图 2.1 系统方框图

在本书中，我们将主要研究单输入单输出 (SISO) 系统，因此，为方便起见，将在以后的章节中忽略上述空间的维数标记，而表示成 $\ell(\mathbf{Z})$，$\ell(\mathbf{Z}_-)$，$\ell(\mathbf{Z}_+)$ 等。

2.3.2 z 变换和传递函数

在本小节将介绍数字信号中最重要的概念 z 变换，它在数字信号处理和控制中起着重要的作用。

定义 2.19[8] 信号 f 的 z 变换定义为如下无穷级数和的形式

$$F(z) = \sum_{k=-\infty}^{\infty} f(k)z^{-k} \tag{2.50}$$

使得该无穷级数收敛的 z 的取值范围称为 z 变换的收敛域 (ROC)。

由复分析理论可知，函数 $F(z)$ 在其收敛域内解析。该无穷级数为 Laurent 级数，它的收敛域有三种可能性。

(1) 如果 $f \in \ell(\mathbf{Z}_+)$，则其收敛域为

$$\{z \in \mathbf{C} : |z| > r_1\}$$

(2) 如果 $f \in \ell(\mathbf{Z}_-)$，则其收敛域为一圆盘形

$$\{z \in \mathbf{C} : |z| < r_2\}$$

(3) 如果 f 既不属于 $\ell(\mathbf{Z}_+)$ 也不属于 $\ell(\mathbf{Z}_-)$，则其收敛域为一圆环

$$\{z \in \mathbf{C} : r_1 < |z| < r_2\}$$

这里，r_1, r_2 为非负的实数。

定义 2.20　　令系统 F 的脉冲响应为 $f(k)$，则 f 的 z 变换 $F(z)$ 称为系统 F 的传递函数。如果输入信号 u 的 z 变换为 $U(z)$，输出信号 y 的 z 变换为 $Y(z)$，则 $F(z)$ 满足

$$Y(z) = F(z)U(z)$$

定义 2.21　　逆 z 变换是 z 变换的逆运算，目的是由象函数 $F(z)$ 求出所对应的信号序列 $f(k)$。记作

$$f(k) = \mathcal{Z}^{-1}[F(z)]$$

给定 $F(z)$ 及其收敛域，则其逆 z 变换由下式给出

$$f(k) = \mathcal{Z}^{-1}[F(z)] \frac{1}{2\pi j} \oint F(z) z^{k-1} \mathrm{d}z$$

式中，围绕原点的积分闭路包含该函数的定义域。

2.4　$\mathcal{H}_2$ 和 $\mathcal{H}_\infty$ 空间

2.4.1　函数空间

控制系统一个最重要的目标就是在保证系统稳定的同时达到一定的性能指标要求。而衡量性能最常用到的就是信号范数。

令 $\mathcal{X} \in \mathbf{C}$ 为一个向量空间，$\|\cdot\|$ 表示定义在 $\mathcal{X}$ 上的范数。

定义 2.22　　$\mathcal{X}$ 中的一个序列 $\{x_n\}$ 称为 Cauchy 序列，如果

$$\lim_{n,m\to\infty} \|x_n - x_m\| \to 0$$

且一个范数空间 $\mathcal{X}$ 中的每一个 Cauchy 序列都收敛到 $\mathcal{X}$, 则称该范数空间是完备的。一个完备的范数空间称为 Banach 空间。

下面是两个常用的 Banach 空间的例子。

(1) $\ell_p(\mathbf{Z}_+)$ 空间, $1 \leqslant p < \infty$:

对每一个 p, $\ell_p(\mathbf{Z}_+)$ 包含了所有满足如下条件的序列 $x = \{x(0), x(1), \cdots\}$

$$\sum_{k=0}^{\infty} |x(k)|^p < \infty$$

与之相对应的范数定义为

$$\|x\|_p = \left(\sum_{k=0}^{\infty} |x(k)|^p\right)^{1/p}$$

(2) $\ell_\infty(\mathbf{Z}_+)$ 空间:

$\ell_\infty(\mathbf{Z}_+)$ 包含了所有有界序列 $x = \{x(0), x(1), \cdots\}$, 且 ℓ_∞ 范数定义为

$$\|x\|_\infty = \sup_k |x(k)|$$

定义 2.23   一个具有内积诱导范数的完备内积空间称为 Hilbert 空间。

显然, Hilbert 空间也是 Banach 空间。下面是一个常用的 Hilbert 空间例子, 即 $\ell_2(\mathbf{Z})$ 空间: $\ell_2(\mathbf{Z})$ 包含所有平方可加的序列 $\{\cdots, x(-1), x(0), x(1), \cdots\}$, 即

$$\sum_{k=-\infty}^{\infty} |x(k)|^2 < \infty$$

对于任意的 $f, g \in \ell_2(\mathbf{Z})$, 它们的内积定义为

$$\langle f, g \rangle = \sum_{k=-\infty}^{\infty} f(k)^* g(k)$$

令 $f \in \ell_2(\mathbf{Z})$, 它的 ℓ_2 范数定义为

$$\|f\|_2 = \sqrt{\langle f, f \rangle} = \sqrt{\sum_{k=-\infty}^{\infty} |f(k)|^2}$$

我们经常把信号 f 的范数 $\|f\|_2^2$ 称为它的能量。

下面介绍 $\ell_2(\mathbf{Z})$ 的两个常用子空间

$$\ell_2(\mathbf{Z}_+) = \ell(\mathbf{Z}_+) \cap \ell_2(\mathbf{Z})$$

$$\ell_2(\mathbf{Z}_-) = \ell(\mathbf{Z}_-) \cap \ell_2(\mathbf{Z})$$

对任意 $f \in \ell_2(\mathbf{Z})$，定义两个正交投影 $P_+ : \ell_2(\mathbf{Z}) \to \ell_2(\mathbf{Z}_+)$ 和 $P_- : \ell_2(\mathbf{Z}) \to \ell_2(\mathbf{Z}_-)$

$$P_+ f = \{\cdots, 0, |f(0), f(1), \cdots\}$$

$$P_- f = \{\cdots, f(-2), f(-1), |0, 0, \cdots\}$$

则有

$$P_+ \ell_2(\mathbf{Z}) = \ell_2(\mathbf{Z}_+)$$

$$P_- \ell_2(\mathbf{Z}) = \ell_2(\mathbf{Z}_-)$$

并且

$$\ell_2(\mathbf{Z}_+) \oplus \ell_2(\mathbf{Z}_-) = \ell_2(\mathbf{Z})$$

下面，我们介绍几个在鲁棒控制中常用的频域函数空间。令 $\mathbf{D} = \{z \in \mathbf{C} : |z| < 1\}$ 表示单位开圆盘，$\mathbf{T} = \{z \in \mathbf{C} : |z| = 1\}$ 表示单位圆。

(1) $\mathcal{L}_2$ 空间：$\mathcal{L}_2$ 是一个 Hilbert 空间，包含所有在单位圆上平方可积的函数 $F(z)$。即

$$\int_{-\pi}^{\pi} \overline{F(\mathrm{e}^{\mathrm{j}\omega})} F(\mathrm{e}^{\mathrm{j}\omega}) \mathrm{d}\omega < \infty$$

任意 $F(z) \in \mathcal{L}_2$ 可以表示为

$$F(z) = \sum_{k=-\infty}^{\infty} f(k) z^{-k}$$

令 $F(z),\, G(z) \in \mathcal{L}_2$，它们的内积定义为

$$\langle F(z), G(z) \rangle := \frac{1}{2\pi} \int_{-\pi}^{\pi} \overline{F(\mathrm{e}^{\mathrm{j}\omega})} G(\mathrm{e}^{\mathrm{j}\omega}) \mathrm{d}\omega$$

相对应的范数定义为

$$\|F(z)\|_2 = \sqrt{\langle F(z), F(z) \rangle}$$

(2) $\mathcal{H}_2$ 空间：$\mathcal{L}_2$ 的子空间，包含所有在开单位圆盘外解析的函数。任意 $F(z) \in \mathcal{H}_2$ 可以表示为

$$F(z) = \sum_{k=0}^{\infty} f(k) z^{-k}$$

(3) $\mathcal{H}_2^{\perp}$ 空间：$\mathcal{L}_2$ 的子空间，包含所有在单位圆内解析的函数。$\mathcal{H}_2^{\perp}$ 是 $\mathcal{H}_2$ 的正交补空间。任意 $F(z) \in \mathcal{H}_2^{\perp}$ 可以表示为

$$F(z) = \sum_{k=-\infty}^{-1} f(k) z^{-k}$$

时域空间 $\ell_2(\mathbf{Z})$，$\ell_2(\mathbf{Z}_+)$ 和 $\ell_2(\mathbf{Z}_-)$ 与频域空间 $\mathcal{L}_2$，$\mathcal{H}_2$ 和 $\mathcal{H}_2^{\perp}$ 之间的关系由下面的定理给出。

定理 2.9[9]　令 $F(z)$ 是 f 的 z 变换，则

(1) $f \in \ell_2(\mathbf{Z})$ iff $F(z) \in \mathcal{L}_2$。

(2) $f \in \ell_2(\mathbf{Z}_+)$ iff $F(z) \in \mathcal{H}_2$。

(3) $f \in \ell_2(\mathbf{Z}_-)$ iff $F(z) \in \mathcal{H}_2^{\perp}$。

z 变换给出了如下的等距同构关系

$$\mathcal{L}_2 \cong \ell_2(\mathbf{Z}), \quad \mathcal{H}_2 \cong \ell_2(\mathbf{Z}_+), \quad \mathcal{H}_2^{\perp} \cong \ell_2(\mathbf{Z}_-)$$

在本书中，P_+, P_- 也将用来表示从 $\mathcal{L}_2$ 到 $\mathcal{H}_2$ 和 $\mathcal{H}_2^{\perp}$ 的正交投影。不同空间之间的关系可以用图 2.2 来表示。

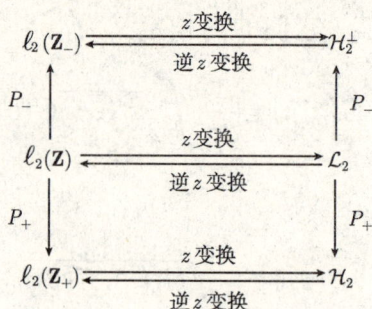

图 2.2　不同空间关系图

我们将 $\mathcal{L}_2, \mathcal{H}_2$ 和 $\mathcal{H}_2^{\perp}$ 中的实有理元素集合分别记作 $\mathcal{RL}_2$, $\mathcal{RH}_2$ 和 $\mathcal{RH}_2^{\perp}$。令 $a(z)$, $b(z)$ 为具有实系数的多项式，则这些子空间可以表述为

$$\mathcal{RL}_2 = \left\{ \frac{b(z)}{a(z)} : a(z) \neq 0 \text{ 对任意的} z \in \mathbf{T} \right\}$$

$$\mathcal{RH}_2 = \left\{ \frac{b(z)}{a(z)} \in \mathcal{RL}_2 : a(z) \text{ 稳定}, \deg b(z) \leqslant \deg a(z) \right\}$$

$$\mathcal{RH}_2^{\perp} = \left\{ \frac{b(z)}{a(z)} \in \mathcal{RL}_2 : a(z) \text{ 反稳定}, \frac{b(0)}{a(0)} = 0 \right\}$$

式中，$a(z)$ 反稳定意味着 $a(z)$ 的所有根都在单位圆外。

另一类重要的函数是在单位圆上有界的函数，相对应的函数空间有以下两种。

(1) $\mathcal{L}_\infty$ 空间：$\mathcal{L}_\infty$ 是由所有在单位圆上具有本性上确界的函数组成的 Banach 空间，其范数定义为

$$\|F(z)\|_\infty = \operatorname*{ess\,sup}_{|z|=1} |F(z)|$$

(2) $\mathcal{H}_\infty$ 空间：$\mathcal{H}_\infty$ 是由所有在单位开盘圆 $\mathbf{D}$ 外解析的函数构成的 $\mathcal{L}_\infty$ 的一个子空间，$\mathcal{H}_\infty$ 范数定义为

$$\|F(z)\|_\infty = \sup_{|z|=1} |F(z)|$$

显然有 $\mathcal{L}_\infty \subset \mathcal{L}_2$，且 $\mathcal{H}_\infty \subset \mathcal{H}_2$。

2.4.2 范数计算

H_2 空间是在单位圆外 $(|z| > 1)$ 解析的函数构成。其范数定义为

$$\|F(z)\|_2^2 = \sup_{|z|>1} \frac{1}{2\pi} \int_{-\pi/T}^{\pi/T} \mathrm{Trace}[F^*(z)F(z)]\mathrm{d}\omega$$

$$= \frac{1}{2\pi} \int_{-\pi/T}^{\pi/T} \mathrm{Trace}[F^*(\mathrm{e}^{\mathrm{j}\omega T})F(\mathrm{e}^{\mathrm{j}\omega T})]\mathrm{d}\omega$$

$$= \|F(\mathrm{e}^{\mathrm{j}\omega T})\|_2$$

考虑系统的状态空间实现 $\{A, B, C, 0\}$[10]，其传递函数为

$$G(z) = C(zI - A)^{-1}B, \quad G(z) \in RH_2$$

对应的脉冲传递函数矩阵为

$$g(k) = CA^k B$$

取 $P_o = \sum_{k=0}^{\infty} (A^\mathrm{T})^k C^\mathrm{T} C A^\mathrm{T}$ 为李雅普诺夫方程 $P_o - A^\mathrm{T} P_o A = C^\mathrm{T} C$ 的解。

对于对偶系统的脉冲传递函数矩阵为

$$\tilde{g}(k) = B^\mathrm{T}(A^\mathrm{T})^k C^\mathrm{T}$$

取 $P_c = \sum_{k=0}^{\infty} A^k B B^\mathrm{T}(A^\mathrm{T})^k / T^2$ 为李雅普诺夫方程 $P_c - A P_c A^\mathrm{T} = B B^\mathrm{T}/T^2$ 的解。则有

$$\|G(z)\|_2^2 = \sum_{k=0}^{\infty} \mathrm{Trace}[g^\mathrm{T}(k)g(k)]$$

$$= \sum_{k=0}^{\infty} \mathrm{Trace}[(CA^k B)^\mathrm{T} CA^k B]$$

$$= \text{Trace}(B^{\mathrm{T}} P_o B)$$

$$\|G\|_2^2 = \sum_{k=0}^{\infty} \text{Trace}[\tilde{g}^{\mathrm{T}}(k) \tilde{g}(k)]$$

$$= \sum_{k=0}^{\infty} \text{Trace}[(B^{\mathrm{T}}(A^{\mathrm{T}})^k C^{\mathrm{T}})^{\mathrm{T}} B^{\mathrm{T}}(A^{\mathrm{T}})^k C^{\mathrm{T}}]$$

$$= \text{Trace}\left(T^2 C \sum_{k=0}^{\infty} A^k B B^{\mathrm{T}}(A^{\mathrm{T}})^k / T^2 C^{\mathrm{T}}\right)$$

$$= \text{Trace}(T^2 C P_c C^{\mathrm{T}})$$

参 考 文 献

[1]　Anton H, Rorrer C. Elementary Linear Algebra (8th ed). New York: John Wiley, 2000.

[2]　Horn R A, Johnson C R. Matrix Analysis. Cambridge: Cambridge University Press, 1985.

[3]　Johnson L, Riess R, Arnold J. Introduction to Linear Algebra (5th ed). New York: Prentice-Hall, 2000.

[4]　Anderson B, Vongpanitlerd S. Network Analysis and Synthesis. New York: Prentice-Hall, 1973.

[5]　蒋耀林. 模型降阶方法. 北京: 科学出版社, 2010.

[6]　Qiu L. What can Routh table offer in addition to stability? Journal of Control Theory and Application, 2003, 1: 9–16.

[7]　Klema V, Laub A. The singular value decomposition: Its computation and some applications. IEEE Trans. Automat. Contr, 1980, 34: 831–847.

[8]　Paley R, Wiener N. Fourier Transtorms in the Complex Domain. New York: John Wiley, 1934.

[9]　Green M, Limebeer D. Linear Robust Control. New Jersey: Prentice-Hall, 1995.

[10]　McFarlane D, Glover K. Robust Controller Design Using Normalized Coprime Factor Plant Descriptions. New York: Springer-Verlag, 1990.

第 3 章　系统变换与分解

　　本章主要介绍鲁棒控制中要用到的一些关于系统变换和分解的基本概念、定理和性质。这些基础和基本理论在鲁棒控制中起着非常重要的作用。

3.1　线性分式变换

线性分式变换在解析函数插值、$\mathcal{H}_\infty$ 优化、结构奇异值分析和其他控制领域中经常用到，本节先简单地给出一些有用的概念及其性质。为简化过程，这里假设所有的矩阵维数都是可匹配的。

3.1.1　下分式变换

定义 3.1[1]　给定如图 3.1 所示的系统，其中，w 为输入信号，z 为输出信号。K 和 $P = \begin{bmatrix} P_{11} & P_{12} \\ P_{21} & P_{22} \end{bmatrix}$ 为已知且 $(I - P_{22}K)^{-1}$ 存在，则其下分式变换为

$$\mathcal{F}_l(P, K) := P_{11} + P_{12}K(I - P_{22}K)^{-1}P_{21} \tag{3.1}$$

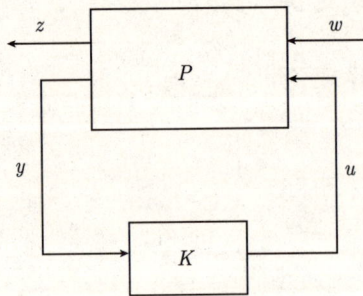

图 3.1　下分式变换结构

引理 3.1　令从系统 w 到 z 的传递函数为 G_{zw}，则有 $G_{zw} = \mathcal{F}_l(P, K)$。

证明　令

$$\begin{bmatrix} z \\ y \end{bmatrix} = \begin{bmatrix} P_{11} & P_{12} \\ P_{21} & P_{22} \end{bmatrix} \begin{bmatrix} w \\ u \end{bmatrix}, \quad u = Ky$$

则有

$$y = P_{21}w + P_{22}u = P_{21}w + P_{22}Ky$$

因此, 有

$$y = (I - P_{22}K)^{-1}P_{21}w$$

进一步可得

$$z = P_{11}w + P_{12}u = P_{11}w + P_{12}Ky$$
$$= P_{11}w + P_{12}K(I - P_{22}K)^{-1}P_{21}w$$
$$= \mathcal{F}_l(P, K)w$$

结论得证。 □

线性分式变换有很多对系统的稳定性分析非常有用的性质, 下面的定理给出了其中一些重要的结论。

定理 3.1[2] 令 $\det(I - P_{22}(\infty)K(\infty)) \neq 0$:

(1) 如果 $\|P\|_\infty \leqslant 1$, $\|K\|_\infty \leqslant 1$, 则 $\|F_l(P, K)\|_\infty \leqslant 1$。

(2) 如果 $P^\sim P = I$, $K^\sim K = I$, 则 $F_l^\sim(P, K)F_l(P, K) = I$。

(3) 如果 $PP^\sim = I$, $KK^\sim = I$, 则 $F_l(P, K)F_l^\sim(P, K) = I$。

(4) 如果 P_{21} 是行满秩的, $P^\sim P = I$ 且 $\|K\|_\infty > 1$, 则 $\|F_l(P, K)\|_\infty > 1$。

(5) 如果 P_{12} 是列满秩的, $PP^\sim = I$ 且 $\|K\|_\infty > 1$, 则 $\|F_l(P, K)\|_\infty > 1$。

(6) 如果 P_{21} 是行满秩的, $P^\sim P = I$ 则 $\|F_l(P, K)\|_\infty < 1$ 当且仅当 $\|K\|_\infty < 1$。

(7) 如果 P_{12} 是列满秩的, $PP^\sim = I$ 则 $\|F_l(P, K)\|_\infty < 1$ 当且仅当 $\|K\|_\infty < 1$。

证明 条件 $\det(I - P_{22}(\infty)K(\infty)) \neq 0$ 是为了保证闭环系统的适定性。

(1) 令

$$\begin{bmatrix} z \\ y \end{bmatrix} = \begin{bmatrix} P_{11} & P_{12} \\ P_{21} & P_{22} \end{bmatrix} \begin{bmatrix} w \\ u \end{bmatrix}, \quad u = Ky$$

由 $\|P\|_\infty \leqslant 1$, 可得

$$\|z\|^2 + \|y\|^2 \leqslant \|w\|^2 + \|u\|^2$$

由 $u = Ky, \|K\|_\infty \leqslant 1$, 有

$$\|u\|^2 \leqslant \|y\|^2$$

所以可得

$$\|z\|^2 \leqslant \|w\|^2$$

也就是

$$\|F_l(P,K)\|_\infty \leqslant 1$$

(2) 由 $K^\sim K = I$ 和 $u = Ky$ 可得

$$\|u\|^2 = u'u = y'K'Ky = \|y\|^2$$

同理有

$$\|z\|^2 + \|y\|^2 = \begin{bmatrix} z \\ y \end{bmatrix}' \begin{bmatrix} z \\ y \end{bmatrix} = \begin{bmatrix} w \\ u \end{bmatrix}' P'P \begin{bmatrix} w \\ u \end{bmatrix} = \|w\|^2 + \|u\|^2$$

所以有

$$\|z\|^2 = \|w\|^2$$

也就是

$$F_l^\sim(P,K)F_l(P,K) = I$$

(3) 是 (2) 的对偶形式。

(4) 因为 $\|K\|_\infty > 1$, 存在一个频率 ω 使得

$$\|K(e^{j\omega})\|_\infty > 1$$

以及存在 $\hat{y}$ 满足

$$\|\hat{u}\| > \|\hat{y}\|$$

由 $P^\sim P = I$, 可得

$$\|\hat{z}\|^2 + \|\hat{y}\|^2 = \|\hat{w}\|^2 + \|\hat{u}\|^2 > \|\hat{w}\|^2 + \|\hat{y}\|^2$$

$$\Rightarrow \|\hat{z}\|^2 > \|\hat{w}\|^2$$

所以有

$$\|F_l(P, K)\|_\infty > 1$$

(5) 是 (4) 的对偶形式。

(6) 和 (7) 可以类似地用证明 (4) 的方法证明。 $\square$

3.1.2 上分式变换

与下分式变换相对应，类似地，可以定义如下的上分式变换，其与下分式变换形成对偶关系。

定义 3.2 给定如图 3.2 所示的系统，其中，u 为输入信号，y 为输出信号。K 和 $P = \begin{bmatrix} P_{11} & P_{12} \\ P_{21} & P_{22} \end{bmatrix}$ 为已知且 $(I - P_{11}K)^{-1}$ 存在，则其上分式变换为

$$\mathcal{F}_u(P, K) := P_{22} + P_{21}K(I - P_{11}K)^{-1}P_{12} \tag{3.2}$$

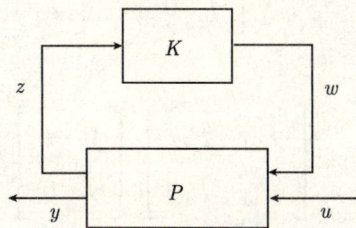

图 3.2 上分式变换结构

引理 3.2 令从系统 u 到 y 的传递函数为 G_{yu}，则有 $G_{yu} = \mathcal{F}_u(P, K)$。

证明 令

$$\begin{bmatrix} z \\ y \end{bmatrix} = \begin{bmatrix} P_{11} & P_{12} \\ P_{21} & P_{22} \end{bmatrix} \begin{bmatrix} w \\ u \end{bmatrix}, \quad w = Kz$$

则有

$$z = P_{11}w + P_{12}u = P_{11}Kz + P_{12}u$$

因此, 有

$$z = (I - P_{11}K)^{-1}P_{12}u$$

进一步可得

$$y = P_{21}w + P_{22}u = P_{21}Kz + P_{22}u$$

$$= P_{22}u + P_{21}K(I - P_{11}K)^{-1}P_{12}u$$

$$= \mathcal{F}_u(P, K)u$$

结论得证。　　　　　　　　　　　　　　　　　　　　□

定理 3.2[3]　　上、下分式变换之间满足如下关系

$$\mathcal{F}_l(P, K) = \mathcal{F}_u\left(\begin{bmatrix} 0 & I \\ I & 0 \end{bmatrix} P \begin{bmatrix} 0 & I \\ I & 0 \end{bmatrix}, K\right) \tag{3.3}$$

$$\mathcal{F}_u(P, K) = \mathcal{F}_l\left(\begin{bmatrix} 0 & I \\ I & 0 \end{bmatrix} P \begin{bmatrix} 0 & I \\ I & 0 \end{bmatrix}, K\right) \tag{3.4}$$

证明

$$\begin{bmatrix} 0 & I \\ I & 0 \end{bmatrix} P \begin{bmatrix} 0 & I \\ I & 0 \end{bmatrix} = \begin{bmatrix} P_{21} & P_{22} \\ P_{11} & P_{12} \end{bmatrix} \begin{bmatrix} 0 & I \\ I & 0 \end{bmatrix} = \begin{bmatrix} P_{22} & P_{21} \\ P_{12} & P_{11} \end{bmatrix}$$

所以有

$$\mathcal{F}_u\left(\begin{bmatrix} 0 & I \\ I & 0 \end{bmatrix} P \begin{bmatrix} 0 & I \\ I & 0 \end{bmatrix}, K\right)$$

$$= \mathcal{F}_u\left(\begin{bmatrix} P_{22} & P_{21} \\ P_{12} & P_{11} \end{bmatrix}, K\right)$$

$$= P_{11} + P_{12}K(I - P_{22}K)^{-1}P_{21}$$

$$= \mathcal{F}_l(P, K)$$

$$\mathcal{F}_l\left(\begin{bmatrix} 0 & I \\ I & 0 \end{bmatrix} P \begin{bmatrix} 0 & I \\ I & 0 \end{bmatrix}, K\right)$$

$$=\mathcal{F}_l\left(\begin{bmatrix} P_{22} & P_{21} \\ P_{12} & P_{11} \end{bmatrix}, K\right)$$

$$=P_{22} + P_{21}K(I - P_{11}K)^{-1}P_{12}$$

$$=\mathcal{F}_u(P, K)$$

□

3.1.3 HM 变换

另一种形式的线性分式变换是链式描述或 HM 变换,这种描述在网络理论[4] 中被广泛地使用。

定义 3.3 给定如图 3.3 所示的系统,其中,w 为输入信号,z 为输出信号。K 和 $L = \begin{bmatrix} L_{11} & L_{12} \\ L_{21} & L_{22} \end{bmatrix}$ 为已知且 $(L_{21}K + L_{22})^{-1}$ 存在,则其 HM 变换为

$$\mathcal{F}_s(L, K) := (L_{11}K + L_{12})(L_{21}K + L_{22})^{-1} \qquad (3.5)$$

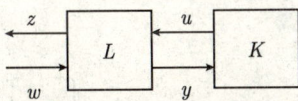

图 3.3 HM 变换结构

引理 3.3 令从系统 w 到 z 的传递函数为 G_{zw},则有 $G_{zw} = \mathcal{F}_s(P, K)$。

证明 令

$$\begin{bmatrix} z \\ w \end{bmatrix} = \begin{bmatrix} L_{11} & L_{12} \\ L_{21} & L_{22} \end{bmatrix} \begin{bmatrix} u \\ y \end{bmatrix}, \quad u = Ky$$

则有

$$z = L_{11}u + L_{12}y = (L_{11}K + L_{12})y$$

$$w = L_{21}u + L_{22}y = (L_{21}K + L_{22})y$$

因此可得

$$z = (L_{11}K + L_{12})y = (L_{11}K + L_{12})(L_{21}K + L_{22})^{-1}w$$

结论得证。　　　　　　　　　　　　　　　　　　　　　　　　　　　　□

在 HM 变换中，还有下述的串联定理。

定理 3.3[5]　对如图 3.4 所示的串联 HM 系统，有

$$\mathcal{F}_s(L_1, \mathcal{F}_s(L_2, K)) = \mathcal{F}_s(L_1L_2, K) \tag{3.6}$$

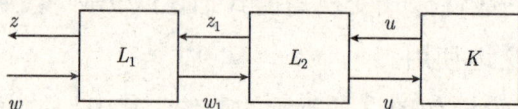

图 3.4　串联 HM 变换结构

证明　令系统中从 w_1 到 z_1 的传递函数为 K_1，显然有 $K_1 = \mathcal{F}_s(L_2, K)$。令系统中从 w 到 z 的传递函数为 G_{zw}，可得

$$G_{zw} = \mathcal{F}_s(L_1, K_1) = \mathcal{F}_s(L_1, \mathcal{F}_s(L_2, K))$$

另外

$$\begin{bmatrix} z \\ w \end{bmatrix} = L_1 \begin{bmatrix} z_1 \\ w_1 \end{bmatrix} = L_1L_2 \begin{bmatrix} u \\ y \end{bmatrix}, \quad u = Ky$$

所以，还有

$$G_{zw} = \mathcal{F}_s(L_1L_2, K)$$

命题得证。　　　　　　　　　　　　　　　　　　　　　　　　　　　　□

下分式变换和 HM 分式变换之间存在如下关系

$$L = \begin{bmatrix} P_{12} - P_{11}P_{21}^{-1}P_{22} & P_{11}P_{21}^{-1} \\ -P_{21}^{-1}P_{22} & P_{21}^{-1} \end{bmatrix} \tag{3.7}$$

相对应的逆变换为

$$P = \begin{bmatrix} L_{12} - L_{11}^{-1}L_{12} & L_{11}^{-1} \\ L_{22} - L_{21}L_{11}^{-1}L_{12} & L_{21}L_{11}^{-1} \end{bmatrix} \tag{3.8}$$

3.2 系统分解理论

分解理论在控制系统、系统辨识、信号处理和电路理论中都有着很多的应用, 扮演着重要角色, 本节将介绍在最优控制和模型匹配中非常有用的几个分解技术。

3.2.1 互质分解

定义 3.4[6] 如果两个多项式 $m(z)$ 和 $n(z)$ 称为互质的, 则它们的最大公因式为 1 或者存在多项式 $x(z)$ 和 $y(z)$ 满足

$$x(z)n(z) + y(z)d(z) = 1 \tag{3.9}$$

上述方程就是著名的 Bezout 等式, 它在系统理论和控制理论中有着非常重要的作用。

类似地, 对 $\mathcal{RH}_\infty$ 上的多项式矩阵, 有着如下定义。

定义 3.5[7] 如果 $\mathcal{RH}_\infty$ 上的两个多项式矩阵 N 和 D 称为是右互质的, 则它们有相同的列数且存在 $\mathcal{RH}_\infty$ 上的多项式矩阵 X_r 和 Y_r 满足

$$\begin{bmatrix} X_r & Y_r \end{bmatrix} \begin{bmatrix} N \\ D \end{bmatrix} = X_r N + Y_r D = I$$

类似地, 如果 $\mathcal{RH}_\infty$ 上的两个多项式矩阵 $\tilde{N}$ 和 $\tilde{D}$ 称为是左互质的, 则它们有相同的行数且存在 $\mathcal{RH}_\infty$ 上的多项式矩阵 X_l 和 Y_l 满足

$$\begin{bmatrix} \tilde{N} & \tilde{D} \end{bmatrix} \begin{bmatrix} X_l \\ Y_l \end{bmatrix} = \tilde{N}X_l + \tilde{D}Y_l = I$$

定义 3.6[7] 令 P 为实的真有理多项式矩阵, 则 P 的右互质分解为 $P = ND^{-1}$. 其中, N 和 D 为右互质的。P 的左互质分解为 $P = \tilde{D}^{-1}\tilde{N}$. 其中, $\tilde{N}$ 和 $\tilde{D}$ 为左互质的。

对于给定的传递函数, 一般来说其相应的互质分解是不唯一的, 下面的结果给出了对给定传递函数的任意两个右互质分解之间的关系。

引理 3.4　令 $P = N_1D_1^{-1} = N_2D_2^{-1} \in \mathcal{RH}_\infty$ 是任意两个右互质分解, 则存在 W 满足 W、$W^{-1} \in \mathcal{RH}_\infty$ 且

$$\begin{bmatrix} N_2 \\ D_2 \end{bmatrix} = \begin{bmatrix} N_1 \\ D_1 \end{bmatrix} W \tag{3.10}$$

证明　令 $W = D_1^{-1}D_2$, 显然有

$$N_2 = N_1W = N_1D_1^{-1}D_2 = PD_2 = N_2D_2^{-1}D_2 = N_2$$

$$D_2 = D_1W = D_1D_1^{-1}D_2 = D_2$$

因为 N_2, D_2 是右互质的, 存在 $X_2, Y_2 \in \mathcal{RH}_\infty$, 满足

$$X_2N_2 + Y_2D_2 = I$$

则有

$$\begin{bmatrix} X_2 & Y_2 \end{bmatrix} \begin{bmatrix} N_2 \\ D_2 \end{bmatrix} = (X_2N_1 + Y_2D_1)W = I$$

因此, 有

$$W^{-1} = X_2N_1 + Y_2D_1 \in \mathcal{RH}_\infty$$

类似地, 因为 N_1, D_1 是右互质的, 存在 $X_1, Y_1 \in \mathcal{RH}_\infty$, 满足

$$X_1N_1 + Y_1D_1 = I$$

则有

$$\begin{bmatrix} X_1 & Y_1 \end{bmatrix} \begin{bmatrix} N_2 \\ D_2 \end{bmatrix} = (X_1 N_2 + Y_1 D_2) = W \in \mathcal{RH}_\infty \qquad \square$$

同样的，对左互质分解也存在类似的结论。

引理 3.5 令 $P = \tilde{D}_1^{-1}\tilde{N}_1 = \tilde{D}_2^{-1}\tilde{N}_2 \in \mathcal{RH}_\infty$ 是任意两个左互质分解，则存在 $\tilde{W}$ 满足 $\tilde{W}, \tilde{W}^{-1} \in \mathcal{RH}_\infty$ 且

$$\begin{bmatrix} \tilde{N}_2 & \tilde{D}_2 \end{bmatrix} = \tilde{W} \begin{bmatrix} \tilde{N}_1 & \tilde{D}_1 \end{bmatrix} \tag{3.11}$$

例 3.1 给定传递函数

$$g(z) = \frac{(z+0.5)(z+1.5)}{(z+0.6)(z+1.6)}$$

求其右互质分解。令 n 的极点为 g 的所有稳定极点，d 的极点为 g 的所有单位圆内零点，且满足 $g = nd^{-1}$，可得

$$n = \frac{z+1.5}{z+0.6}, \quad d = \frac{z+1.6}{z+0.5}$$

同样地，令 $0 < k_1,\, k_2 < 1$，则

$$n = \frac{(z+1.5)(z+k_1)}{(z+0.6)(z+k_2)}, \quad d = \frac{(z+1.6)(z+k_1)}{(z+0.5)(z+k_2)}$$

也是 g 的右互质分解。

定理 3.4[8] 对每一个真有理多项式矩阵 G，存在 $\mathcal{RH}_\infty$ 上的八个多项式矩阵满足如下方程

$$G = NM^{-1} = \tilde{M}^{-1}\tilde{N} \tag{3.12}$$

$$\begin{bmatrix} \tilde{X} & -\tilde{Y} \\ -\tilde{N} & \tilde{M} \end{bmatrix} \begin{bmatrix} M & Y \\ N & X \end{bmatrix} = I \tag{3.13}$$

证明 我们采用状态空间方法来证明该定理。令 G 的实现为

$$G(z) = D + C(zI - A)^{-1}B \tag{3.14}$$

式中，A，B，C，D 为实系数矩阵且 (A, B) 可控，(A, C) 可测。分别引入状态 x、输入 u 和输出 $y = Gu$，则系统状态方程为

$$x(k+1) = Ax(k) + Bu(k) \tag{3.15}$$

$$y(k) = Cx(k) + Du(k) \tag{3.16}$$

选择矩阵 F 使得 $A_F = A + BF$ 稳定 (所有特征值都在单位圆内)，定义向量 $v = u - Fx$，$C_F = C + DF$，则有

$$x(k+1) = A_F x(k) + Bv(k) \tag{3.17}$$

$$u(k) = Fx(x) + v(k) \tag{3.18}$$

$$y(k) = C_F x(k) + Dv(k) \tag{3.19}$$

因而可得从 v 到 u 的传递函数

$$M(z) = I + F(zI - A_F)^{-1}B \tag{3.20}$$

从 v 到 y 的传递函数

$$N(z) = D + C_F(zI - A_F)^{-1}B \tag{3.21}$$

进而可得

$$u = Mv \tag{3.22}$$

$$y = Nv = NM^{-1}u \tag{3.23}$$

$$G = NM^{-1} \tag{3.24}$$

类似地，选择矩阵 H 使得 $A_H = A + HC$ 稳定，定义 $B_H = B + HD$，则有

$$\tilde{M}(z) = I + C(zI - A_H)^{-1}H \tag{3.25}$$

$$\tilde{N}(z) = D + C(zI - A_H)^{-1}B_H \tag{3.26}$$

$$G = \tilde{M}^{-1}\tilde{N} \tag{3.27}$$

同理易得另外四个矩阵形式

$$X(z) = I - C_F(zI - A_F)^{-1}H \tag{3.28}$$

$$Y(z) = -F(zI - A_F)^{-1}H \tag{3.29}$$

$$\tilde{X}(z) = I - F(zI - A_H)^{-1}B_H \tag{3.30}$$

$$\tilde{Y}(z) = -F(zI - A_H)^{-1}H \tag{3.31}$$

$\square$

例 3.2   求如下系统的互质分解

$$G(z) = \frac{z-1}{z(z-2)}$$

取该系统的最小实现为

$$G(z) = D + C(zI - A)^{-1}B$$

$$A = \begin{bmatrix} 0 & 1 \\ 0 & 2 \end{bmatrix}, \quad B = \begin{bmatrix} 0 \\ 1 \end{bmatrix}$$

$$C = \begin{bmatrix} -1 & 1 \end{bmatrix}, \quad D = 0$$

令 A_F 的特征值为 0.5, 0.6, 可得

$$F = \begin{bmatrix} 0.3 & 0.9 \end{bmatrix}$$

$$A_F = \begin{bmatrix} 0 & 1 \\ 0.3 & 1.1 \end{bmatrix}$$

可得

$$N(z) = C(zI - A_F)^{-1}B = \frac{z-1}{(z+0.5)(z+0.6)}$$

$$M(z) = I + F(zI - A_F)^{-1}B = \frac{z(z-2)}{(z+0.5)(z+0.6)}$$

令 A_H 的特征值为 0.5, 0.6, 可得

$$H = \begin{bmatrix} -1.2 \\ -2.1 \end{bmatrix}$$

$$A_H = \begin{bmatrix} 1.2 & -0.2 \\ 2.1 & -0.1 \end{bmatrix}$$

可得

$$X(z) = I + C(zI - A_F)^{-1}H = \frac{z^2 - 0.2z - 0.84}{(z+0.5)(z+0.6)}$$

$$Y(z) = -F(zI - A_F)^{-1}H = \frac{-2.25z + 0.09}{(z+0.5)(z+0.6)}$$

容易验证

$$\tilde{M}(z) = I + C(zI - A_H)^{-1}H = \frac{z(z-2)}{(z+0.5)(z+0.6)} = M(z)$$

$$\tilde{N}(z) = D + C(zI - A_H)^{-1}B_H = \frac{z-1}{(z+0.5)(z+0.6)} = N(z)$$

$$\tilde{X}(z) = I - F(zI - A_H)^{-1}B_H = \frac{z^2 - 0.2z - 0.84}{(z+0.5)(z+0.6)} = X(z)$$

$$\tilde{Y}(z) = -F(zI - A_H)^{-1}H = \frac{-2.25z + 0.09}{(z+0.5)(z+0.6)} = Y(z)$$

$$\begin{bmatrix} \tilde{X} & -\tilde{Y} \\ -\tilde{N} & \tilde{M} \end{bmatrix} \begin{bmatrix} M & Y \\ N & X \end{bmatrix} = I \tag{3.32}$$

3.2.2　正则分解

为简化符号, 给定实有理矩阵 $G(z)$, 记 $G^\sim(z) = G^{\mathrm{T}}(z^{-1})$。

定义 3.7　令 $G(z)$ 为实有理方阵且满足 $G, G^{-1} \in \mathcal{RL}_\infty$, 该有理方阵的正则分解为

$$G(z) = G_+(z)G_-(z) \tag{3.33}$$

式中, $G_-(z)$, $G_-^{-1}(z) \in \mathcal{RH}_\infty$; $G_+^\sim(z)$, $(G_+^{-1}(z))^\sim \in \mathcal{RH}_\infty$。

下面通过一个简单的标量传递函数的正则分解来看看传递函数存在正则分解的条件。

例 3.3 给定传递函数

$$g(z) = \frac{(z+0.5)(z+1.5)}{(z+0.6)(z+1.6)}$$

求其正则分解。

令 g_- 包含 g 的所有单位圆内的零点、极点, g_+ 包含 g 的所有单位圆外的零点、极点,显然有 g_-, $g_-^{-1} \in \mathcal{RH}_\infty$, $g_+^\sim$, $(g_+^{-1})^\sim \in \mathcal{RH}_\infty$。因而可得

$$g(z) = \left(\frac{z+0.5}{z+0.6}\right)\left(\frac{z+1.5}{z+1.6}\right) = g_-(z)g_+(z)$$

若取

$$g(z) = \frac{(z+1.2)(z+1.5)}{(z+0.6)(z+1.6)}$$

则无法找到相应的正则分解,因而可以得到标量传递函数具有正则分解的条件

$$\{单位圆内无极点\}=\{单位圆内无零点\}$$

对实有理函数矩阵,首先给出基于状态空间的正则分解条件。给定

$$G(z) = D + C(zI - A)^{-1}B$$

令 $\alpha(\lambda)$ 为矩阵 A 的特征多项式,把它分解为

$$\alpha(\lambda) = \alpha_-(\lambda)\alpha_+(\lambda) \tag{3.34}$$

式中, $\alpha_-(\lambda)$ 的所有特征根在单位圆内; $\alpha_+(\lambda)$ 的所有特征根在单位圆外。定义对应的模子空间为

$$X_-(A) := \mathrm{Ker}\,\alpha(A) \tag{3.35}$$

$$X_+(A) := \mathrm{Ker}\,\alpha + (A) \tag{3.36}$$

$$\tag{3.37}$$

定理 3.5[7]　令 G 的实现为 $\left[\begin{array}{cccc} A, & B, & C, & D \end{array}\right]$，如果 $X_-(A)$ 和 $X_+(A)$ 是互补的，则 G 有正则分解。

下面给出实有理函数矩阵基于状态空间的正则分解方法，证明略，可参考文献 [7]。

(1) 对 A 做 Schur 分解，使得

$$T^{\mathrm{T}}AT = \begin{bmatrix} A_1 & A_2 \\ 0 & A_4 \end{bmatrix} \tag{3.38}$$

式中，A_1 的所有特征值都在单位圆内；A_2 的所有特征值都在单位圆外。相对应地，把 T 拆分为

$$T = \begin{bmatrix} T_1 & T_2 \end{bmatrix} \tag{3.39}$$

(2) 令

$$T^{-1}AT = \begin{bmatrix} A_1 & A_2 \\ A_3 & A_4 \end{bmatrix} \tag{3.40}$$

$$T^{-1}B = \begin{bmatrix} B_1 \\ B_2 \end{bmatrix} \tag{3.41}$$

$$CT = \begin{bmatrix} C_1 & C_2 \end{bmatrix} \tag{3.42}$$

(3) 定义

$$G_+(z) := \begin{bmatrix} A_4, & B_2, & C_2, & D \end{bmatrix} \tag{3.43}$$

$$G_-(z) := \begin{bmatrix} A_1, & B_1, & D^{-1}C_1, & I \end{bmatrix} \tag{3.44}$$

$$\tag{3.45}$$

则有

$$G(z) = G_+(z)G_-(z)$$

3.2.3　内外分解

同 3.2.1 小节，为简化符号，给定实有理矩阵 $G(z)$，记 $G^\sim(z) = G^{\mathrm{T}}(z^{-1})$。

定义 3.8[9]　给定实有理函数矩阵 $G(z)$，如果满足 $G^\sim(z)G(z) = I$，则称该函数为内函数。如果 $G(z)$ 存在右逆且在单位圆外解析，则称该函数为外函数。$G(z)$ 的一个分解称为内外分解，如果

$$G(z) = G_\mathrm{i}(z)G_\mathrm{o}(z) \tag{3.46}$$

式中，$G_\mathrm{i}(z)$ 为内函数；$G_\mathrm{o}(z)$ 为外函数。

性质 3.1　　内外函数具有如下一些性质

(1) $< Gf, Gh >=< f, h >, f, h \in \mathcal{L}_2$。

(2) $F \in \mathcal{L}_\infty \Rightarrow \|GF\|_\infty = \|F\|_\infty$。

(3) 如果 G 为方阵且满足 $G, G^{-1} \in \mathcal{RH}_\infty$，则 G 为外函数。

(4) 如果 $F, G \in \mathcal{RH}_\infty$ 为互质的，则 $\begin{bmatrix} F & G \end{bmatrix}$ 为外函数。

下面给出基于状态空间描述的内外分解方法。

定理 3.6[10]　令 $G(z)$ 的实现为 $\begin{bmatrix} A, & B, & C, & D \end{bmatrix}$，假定 $G(z)$ 在单位圆上无零点，且其实现可镇定，在单位圆上无不可达和不可观的模态。令 $Q = C^\mathrm{T}C, L = C^\mathrm{T}D$，则有

(1) 离散代数 Riccati 方程

$$\begin{bmatrix} A^\mathrm{T}XA - X + Q & A^\mathrm{T}XB + L \\ L^\mathrm{T} + B^\mathrm{T}XA & D^\mathrm{T}D + B^\mathrm{T}XB \end{bmatrix} \begin{bmatrix} I \\ F \end{bmatrix} = 0 \tag{3.47}$$

有稳定解 $[X, F](|\lambda(A + BF)| < 1)$，且满足 $D^\mathrm{T}D + B^\mathrm{T}XB \geqslant 0$。

(2) 令满射矩阵 H 满足 $H^\mathrm{T}H = D^\mathrm{T}D + B^\mathrm{T}XB$，定义

$$G_\mathrm{o}(z) := \begin{bmatrix} A, & B, & -HF, & H \end{bmatrix} \tag{3.48}$$

$$G_\mathrm{i}(z) := \begin{bmatrix} A + BF, & BH^+, & C + DF, & DH^+ \end{bmatrix} \tag{3.49}$$

式中，H^+ 为 H 的右逆。则 $G_\mathrm{i}(z)$ 为内函数，$G_\mathrm{i}(z), G_\mathrm{o}(z)$ 满足

$$G(z) = G_\mathrm{i}(z)G_\mathrm{o}(z)$$

3.2.4　*J*-谱分解

我们在第 7 章还需要用到一类特殊的谱分解, 那就是 $\mathcal{RH}_\infty$ 上的 *J*-谱分解。前面我们已经提到了符号矩阵 J, 即一个对角元素只取 $+1$ 或者 -1 两种取值的 $N \times N$ 对角矩阵。该符号矩阵显然满足

$$J = J^{\mathrm{T}} = T^{-1} \tag{3.50}$$

定义 3.9　令 $W(z) = W^\sim(z) = W^{\mathrm{T}}(z^{-1})$ 为实有理函数矩阵, 如果存在 $V(z), V^{-1}(z) \in \mathcal{RH}_\infty$ 使得

$$W(z) = V^\sim(z)JV(z) \tag{3.51}$$

成立, 则式 (3.51) 称为 $W(z)$ 的一个 *J*-谱分解, $V(z)$ 称为 $W(z)$ 的 *J*-谱因子。

如果上述 *J*-谱分解问题有解, 则不同解之间满足如下的关系。

定理 3.7[11]　令 $W(z) = W^\sim(z)$ 为实有理函数矩阵, $X(z), Y(z)$ 分别为 $W(z)$ 的 *J*-谱因子, 即

$$X^\sim(z)JX(z) = W(z) = Y^\sim(z)JY(z) \tag{3.52}$$

当且仅当 $Y = QX$。其中, Q 为常数矩阵且满足

$$Q^\sim JQ = J \tag{3.53}$$

证明　假定存在 $X(z), Y(z)$ 满足方程 (3.52), 令该方程右乘 X^{-1}, 左乘 $(Y^\sim)^{-1}$, 可得

$$JYX^{-1} = (Y^\sim)^{-1}X^\sim J$$

由于上式的左端是稳定的而右端是反稳定的, 所以必然有 JYX^{-1} 为一常数。定义

$$Q := JYX^{-1}$$

显然有

$$Q^\sim JQ = X^{-\sim}Y^\sim J^\sim JJYX^{-1} = X^{-\sim}(Y^\sim J^\sim Y)X^{-1} = J''$$

另一方面，假设 $X(z)$ 为 $W(z)$ 的 J-谱因子，且 Q 为满足方程 (3.53) 的常数矩阵，则有

$$(QX)^\sim J(QX) = X^\sim Q^\sim JQX = X^\sim JX = J$$

即 QX 也是 $W(z)$ 的 J-谱因子。 □

定义 3.10 实有理函数矩阵令 $W(z)$，如果满足

$$W^\sim(z)JW(z) = J' \tag{3.54}$$

称为 (J, J')-酉矩阵。式中，J, J' 为两个符号矩阵。如果 $J = J'$，则称 $W(z)$ 为 J-酉矩阵。

定义 3.11 实有理函数矩阵令 $W(z)$，如果满足

$$W^\sim(z)JW(z) \leqslant J' \tag{3.55}$$

称为 (J, J')-无损。式中，J, J' 为两个符号矩阵。如果 $J = J'$，则称 $W(z)$ 为 J-无损。

上述的 J-谱分解和 (J, J')-无损分解在鲁棒控制和 Hankel 逼近问题中起着非常重要的作用，下面给出基于状态空间的 J-谱分解方法。

满足 $W(z) = W^\sim(z) = W^{\mathrm{T}}(z^{-1})$ 的实有理函数矩阵，必然是关于单位圆自我对称的且在单位圆上没有极点，这类有理函数矩阵具有如下的状态空间表达形式

$$W(z) = D_0 + C(zI - A)^{-1}B + B^{\mathrm{T}}(z^{-1}I - A^{\mathrm{T}})^{-1}C^{\mathrm{T}} \tag{3.56}$$

式中，D_0 为 Hermitian 矩阵；A 的所有特征值都在开单位圆盘内。对应于上述状态空间形式，定义下面的 Riccati 方程

$$Y = A^{\mathrm{T}}YA - (C^{\mathrm{T}} + A^{\mathrm{T}}YB)(D_0 + B^{\mathrm{T}}YB)^{-1}(C + B^{\mathrm{T}}YA) \tag{3.57}$$

该 Riccati 方程的解 Y 称为稳定的，如果 $D_0 + B^{\mathrm{T}}YB$ 可逆，矩阵

$$A - B(D_0 + B^{\mathrm{T}}YB)^{-1}(C + B^{\mathrm{T}}YA) \tag{3.58}$$

的所有特征根都在开单位圆盘内。

定理 3.8[12]   令实有理函数矩阵 $W(z)$ 有状态空间实现如式 (3.56)，其中，D_0 为 Hermitian 矩阵，A 的所有特征值都在开单位圆盘内。对符号矩阵 J，$W(z)$ 存在 J-谱分解，当且仅当 Riccati 方程 (3.57) 有稳定的解 Y。在此情况下，Y 是唯一的，符号矩阵 J 由方程

$$D_0 + B^{\mathrm{T}} Y B = E^{\mathrm{T}} J E \qquad (3.59)$$

决定。其中，E 为某可逆矩阵。$W(z) = V^{\sim}(z) J V(z)$ 的 J-谱分解因子 $V(z)$ 由下式给出

$$V(z) = E + E(D_0 + B^{\mathrm{T}} Y B)^{-1}(C + B^{\mathrm{T}} Y A)(zI - A)^{-1}B \qquad (3.60)$$

参 考 文 献

[1] Zhou K, Doyle J C, Glover K. Robust and Optimal Control. New Jersey: Prentice-Hall, Upper Saddle River, 1996.

[2] Redheffer R M. On a certain linear fractional transformation. J. Math. Phys., 1960, 39: 269–286.

[3] Johnson L, Riess R, Arnold J. Introduction to Linear Algebra (5th ed). New York: Prentice-Hall, 2000.

[4] Anderson B, Vongpanitlerd S. Network Analysis and Synthesis. New York: Prentice-Hall, 1973.

[5] 吉明, 姚绪梁. 鲁棒控制系统. 哈尔滨: 哈尔滨工程大学出版社, 2002.

[6] Fuhrmann P. A Polynomial Approach to Linear Algebra. New York: Springer, 1996.

[7] Francis B. A course in H_∞ Control Theory. New York: Springer-Verlag, 1987.

[8] Green M, Limebeer D. Linear Robust Control. New Jersey: Prentice-Hall, 1995.

[9] Vlad I, Cristian O. Spectral and Inner-Outer Factorizations for Discrete-Time Systems. IEEE Tran. on Automatic Contorl, 1996, 41: 1840–1845.

[10] McFarlane D, Glover K. Robust Controller Design Using Normalized Coprime Factor Plant Descriptions. New York: Springer-Verlag, 1990.

[11] Gilbert J, Perterson M. J-spectral factorization for rational matrix functions with alternative realization. Electrical journal of Linear Algibra, 2003, 10: 240–256.

[12] Meinsma G. J-spectral factorization and equalizing vectors. Systems and Contorl Lettters, 1995, 25: 243–249.

第4章 基于 Jury 表构造的正交有理函数

在本章中，我们将利用 Jury 表来构造单位正交有理函数，并且证明这样构造出来的单位正交有理函数就是标准基函数通过 Gram-Schmidt 正交化而得到的同一组单位正交有理函数。而且这些函数和通过特定的内函数的状态空间的平衡实现方法得到的单位正交有理函数之间存在着紧密的联系。最后，我们将通过扩展的 Jury 表来计算给定系统传递函数的 $\mathcal{H}_2$ 范数。

本章预览

4.1　函数空间的正交基

4.2　内函数的状态空间平衡实现

4.3　基于 Jury 表的单位正交有理函数

4.4　不同正交函数构造方法之间的关系

4.5　用扩展 Jury 表计算 $\mathcal{H}_2$ 范数

参考文献

4.1 函数空间的正交基

在第 2 章中, 我们已经介绍了向量空间的基和正交化方法, 本节主要介绍函数空间基的概念及基正交化方法。

4.1.1 函数空间的基

定义 4.1[1]   定义在区间 $[a, b]$ 上的函数 $f(x), g(x)$ 称为是正交的, 如果

$$\int_a^b f(x)g(x)\mathrm{d}x = 0 \tag{4.1}$$

区间 $[a, b]$ 称为正交区间。

在信号处理和控制系统的分析与设计中, 正交函数都起着非常重要的作用。我们来看几个大家熟知的例子。

例 4.1(傅里叶级数的正交基)   在区间 $[-\pi, \pi]$ 上, 函数系

$$\left\{ \frac{1}{\sqrt{2\pi}}, \frac{1}{\sqrt{\pi}}\cos x, \frac{1}{\sqrt{\pi}}\sin x, \cdots, \frac{1}{\sqrt{\pi}}\cos nx, \frac{1}{\sqrt{\pi}}\sin nx, \cdots \right\} \tag{4.2}$$

构成了一个单位正交函数系。利用此正交系, 可以将任一定义在区间 $[-\pi, \pi]$ 上的平方可积函数 $f(x)$ 展开为傅里叶级数

$$f(x) = a_0 \frac{1}{\sqrt{2\pi}} + \sum_{n=1}^{\infty} \left\{ a_n \frac{1}{\sqrt{\pi}}\cos nx + b_n \frac{1}{\sqrt{\pi}}\sin nx \right\} \tag{4.3}$$

式中, $a_0 = \int_a^b f(x)\frac{1}{\sqrt{2\pi}}\mathrm{d}x$; $a_n = \int_a^b f(x)\frac{1}{\sqrt{\pi}}\cos nx\mathrm{d}x$; $b_n = \int_a^b f(x)\frac{1}{\sqrt{\pi}}\sin nx\mathrm{d}x$。

正交函数系 (4.2) 可以看成是"函数空间"的基函数, 它相当于 n 维向量空间中的基向量, 而系数 a_i, b_i 可以理解为函数 $f(x)$ 在正交系 (4.2) 下的"坐标"。不过, 这里的基函数有无穷多个, 此函数空间也可以理解为一种"无穷维"空间。

将一个函数表示成傅里叶级数, 能使人们在研究和解决实际问题时得到极大的好处。这一点, 人们已经在信号的傅里叶分析中充分体会到了。事实上, 在函数空间中并非只有三角函数系 (4.2) 才是唯一的正交函数系, 还存在着许多其他的正交函数系。

例 4.2 [2](Haar 函数系)　小波变换中通过平移和伸缩单个原像小波 $h(\cdot)$, 得到基函数

$$h_{a,b}(t) = \frac{1}{\sqrt{a}} h\left(\frac{t-b}{a}\right) \tag{4.4}$$

式中, a 和 b 分别为伸缩和平移参数。通过改变伸缩参数 a 的大小, 即可构造持续时间很短的高频基函数和持续时间很短的低频基函数。信号 $x(t)$ 的小波变换定义为

$$WT_x(m,n) = a_0^{-m/2} \int_{-\infty}^{\infty} x(t) h(a_0^m t - n b_0) \mathrm{d}t \tag{4.5}$$

其标准正交基由 Haar 基

$$h(t) = \begin{cases} 1, & 0 \leqslant t < 1/2 \\ -1, & 1/2 \leqslant t < 1 \\ 0, & \text{其他} \end{cases} \tag{4.6}$$

和 $a_0 = 2, b_0 = 1$ 给出。

例 4.3 [3] (Walsh 函数系)　Walsh 函数系是一系列特殊方波形成的函数系, 具有多种不同的定义方式和编号方式。其中, 序号为 m 的 P 编码 Walsh 函数定义为

$$\mathrm{Wal}_P(m,t) = (-1)^{\sum\limits_{s=0}^{q-1} m_s t_s} \tag{4.7}$$

式中, $m = \sum\limits_{s=0}^{q-1} m_s 2^s; t = \sum\limits_{s=0}^{\infty} t_s 2^{-s-1}; t \in [0,1), m_s, t_s \in \{0,1\}$。

定义在区间 $[0,1)$ 上的 Walsh 函数系是归一化的正交函数系, 且仅取常数值 +1 或 -1。任一平方可积时间信号都可以表示为 Walsh 方波

的叠加。由于 Walsh 方波计算量小，在无线电应用中更便于采用简单的设备，因此在通信理论和应用中发挥的作用越来越显著。

4.1.2 Gram-Schmidt 正交化

如前所述，线性无关的向量 $x_1, x_2, \cdots, x_n$ 构成了 n 维空间 $X = \text{Span}\{x_1, x_2, \cdots, x_n\}$ 的基向量。但这组基通常不是正交的。在很多情况下，往往希望获得标准正交基。此时，可以采用 Gram-Schmidt 正交化的方法将 $x_1, x_2, \cdots, x_n$ 转换为标准正交向量组 $\{e_1, e_2, \cdots, e_n\}$。

例 4.4 考虑定义在区间 $[-1, 1]$ 上的函数 $f(x)$ 在 $x_0 = 0$ 的泰勒级数展开式

$$f(x) = \sum_{n=0}^{\infty} a_n x^n$$

式中，$a_n = f^{(n)(0)}/n!$。显然，其函数系 $\{1, x, x^2, \cdots, x^n, \cdots\}$ 不是正交系。经过 Gram-Schmidt 正交化过程，可以得到都是多项式的正交系，即著名的勒让德多项式系

$$\phi_0(x) = \sqrt{1/2}$$
$$\phi_1(x) = \sqrt{3/2}x$$
$$\phi_2(x) = \sqrt{5/2}\left(\frac{3}{2}x^2 - \frac{1}{2}\right)$$
$$\phi_3(x) = \sqrt{7/2}\left(\frac{3}{2}x^3 - \frac{3}{2}x\right)$$
$$\phi_4(x) = \sqrt{9/2}\left(\frac{35}{8}x^4 - \frac{30}{8}x^2 + \frac{3}{8}\right)$$
$$\vdots$$

定义 4.2[4] 考虑一个给定的多项式

$$a(z) = a_0 z^n + a_1 z^{n-1} + \cdots + a_n$$

式中，$a_i \in \mathbf{R}$ 为实系数并且 $a_0 > 0$。如果 $a(z) = 0$ 的所有根都在单位圆内，那就称这个多项式是稳定的。

现在让我们选定一个稳定的多项式

$$a(z) = a_0 z^n + a_1 z^{n-1} + \cdots + a_n, \quad a_0 > 0$$

考虑具有同一个分母 $a(z)$ 严格真有理函数所组成的集合

$$\mathcal{X}_a = \left\{ \frac{b(z)}{a(z)}, \ \deg b(z) < \deg a(z) \right\} \tag{4.8}$$

很明显 $\mathcal{X}_a$ 是 $\mathcal{RH}_2$ 的一个 n 维子空间。这是鲁棒控制理论中一个非常有用的空间，我们将在本书以后的章节中经常用到。

例 4.5　考虑 $\mathcal{RH}_2$ 的 n 维子空间 $\mathcal{X}_a$，希望能够找到这个空间的一组基，最好是一组单位正交基。

首先来看一下使用频率最高的一组基，这组基具有大家熟悉的形式

$$\left\{ F_i(z) = \frac{z^{i-1}}{a(z)}, \ i = 1, 2, \cdots, n \right\}$$

由于这组基不是正交基，我们可以通过 Gram-Schmidt 正交化方法得到一组单位正交基

$$E_i(z) = \frac{F_i(z) - \sum_{k=1}^{i-1} \langle E_k(z), F_i(z) \rangle E_k(z)}{\left\| F_i(z) - \sum_{k=1}^{i-1} \langle E_k(z), F_i(z) \rangle E_k(z) \right\|}, \quad i = 1, 2, \cdots, n \tag{4.9}$$

其中的内积由下式给出

$$\langle E_k(z), F_i(z) \rangle = \frac{1}{2\pi} \int_{-\pi}^{\pi} \overline{E_k(\mathrm{e}^{\mathrm{j}\omega})} F_i(\mathrm{e}^{\mathrm{j}\omega}) \mathrm{d}\omega$$

Gram-Schmidt 正交化方法的一个主要缺点是需要计算内积 $\langle E_k, F_i \rangle$，因而计算量是非常大的。另外，一种构造单位正交有理函数的方法是利用特定内函数的状态空间平衡实现，我们在 4.2 节详细介绍。

4.2 内函数的状态空间平衡实现

定义 4.3[5] 一个传递函数 $G(z)$ 被称为内函数 (inner)，如果 $G(z) \in \mathcal{RH}_2$ 并且满足

$$G(z^{-1})G(z) = 1$$

例 4.6 对于一个给定的稳定多项式 $a(z) = a_0 z^n + a_1 z^{n-1} + \cdots + a_n$，因为

$$a(z^{-1}) = a_0 z^{-n} + a_1 z^{-(n-1)} + \cdots + a_n = z^{-n}(a_0 + a_1 z + \cdots + a_n z^n)$$

很容易构造得到如下的一个内函数

$$G(z) = \frac{z^n a(z^{-1})}{a(z)} = \frac{a_n z^n + \cdots + a_1 z + a_0}{a_0 z^n + a_1 z^{n-1} + \cdots + a_n} \tag{4.10}$$

一个单输入、单输出的有限维线性时不变系统可以用如下方程来描述

$$\begin{aligned} x(k+1) &= Ax(k) + Bu(k) \\ y(k) &= Cx(k) + Du(k) \end{aligned} \tag{4.11}$$

式中，$A \in \mathbf{R}^{n \times n}; B \in \mathbf{R}^{n \times 1}; C \in \mathbf{R}^{1 \times n}; D \in \mathbf{R}$。

定义 4.4[6] 一个 n 维实现 (A, B, C, D) 被称为传递函数 $G(z)$ 的最小实现，如果

$$\deg(G(z)) = n, G(z) = C(zI - A)^{-1}B + D$$

定义 4.5[6] 如果一个实现 (A, B, C, D) 满足 A 的所有特征值都在开的单位圆内的条件，则称这个实现是稳定的。如果一个实现是稳定的，则其可控格拉姆(Gram)矩阵 P 和可观格拉姆矩阵 Q 定义为如下李雅普

诺夫方程的解

$$APA^* + BB^* = P$$

$$A^*QA + C^*C = Q \tag{4.12}$$

定义 4.6 [6]　一个实现 (A, B, C, D) 被称为平衡实现, 如果其可控格拉姆矩阵 P 和可观格拉姆矩阵 Q 为具有非负对角线元素的对角矩阵且满足

$$P = Q = \Sigma = \mathrm{diag}(\sigma_1, \cdots, \sigma_n), \quad \sigma_1 \geqslant \cdots \geqslant \sigma_n$$

当 (A, B, C, D) 是一个最小实现时, 可以通过以下步骤获得一个平衡实现[7]:

(1) 计算可控格拉姆矩阵 P 和可观格拉姆矩阵 Q。

(2) 寻找一个矩阵 R 满足 $P = R^*R$。

(3) 将 RQR^* 对角化, 得到 $RQR^* = U\Sigma^2 U^*$。

(4) 令 $T^{-1} = R^* U \Sigma^{-1/2}$, 则 $TPT^* = (T^*)^{-1}QT^{-1} = \Sigma$。

(5) $(TAT^{-1}, TB, CT^{-1}, D)$ 为一个平衡实现。

为了找到 $\mathcal{X}_a$ 的一组正交基, 我们将用到如例 4.6 中式 (4.10) 所示的内函数 $G(z)$ 的一个平衡状态空间实现。这里首先直接给出一个引理, 它可以用来判别给定的状态空间实现是否为平衡实现。

引理 4.1 [8]　令 $G(z)$ 为一个内函数且具有一个最小实现 (A, B, C, D), 则这个最小实现是平衡实现当且仅当可控格拉姆矩阵 P 和可观格拉姆矩阵 Q 满足 $P = Q = I$。

海森伯格给出了通过构造内函数的平衡实现来获取正交有理函数的方法。

定理 4.1 [8]　令 $G(z) = z^n a(z^{-1})/a(z)$ 为一个由稳定的多项式 $a(z)$ 所生成的内函数, (A, B, C, D) 为 $G(z)$ 的一个平衡实现。定义

$$\begin{bmatrix} V_1(z) & \cdots & V_n(z) \end{bmatrix}^{\mathrm{T}} = (zI - A)^{-1}B \tag{4.13}$$

则这样的一组函数集 $V_i(z), i = 1, \cdots, n$ 构成 $\mathcal{X}_a$ 的一组单位正交基。

标注 4.1 事实上, 我们很容易证明可以通过内函数的平衡实现来构造如下另一组单位正交基

$$\begin{bmatrix} V_1(z) & \cdots & V_n(z) \end{bmatrix} = C(zI - A)^{-1}$$

在以后的章节中我们将使用到这一行向量正交有理函数。

然而, 寻找 $G(z)$ 的平衡实现需要求解李雅普诺夫方程, 并且平衡实现是不唯一的且过程非常复杂。我们将直接通过 Jury 表来构造正交有理函数。

4.3　基于 Jury 表的单位正交有理函数

考虑多项式

$$a(z) = a_0 z^n + a_1 z^{n-1} + \cdots + a_n \quad (a_i \in \mathbf{R}, a_0 > 0)$$

建立如下的 Jury 表[9]。在 Jury 表中, 第一行元素为给定多项式的系数

$$r_{00} = a_0, r_{01} = a_1, \cdots, r_{0(n-1)} = a_{n-1}, r_{0n} = a_n$$

r_0	r_{00}	r_{01}	$\cdots$	$r_{0(n-1)}$	r_{0n}
r_0^*	r_{0n}	$r_{0(n-1)}$	$\cdots$	r_{01}	r_{00}
r_1	r_{10}	r_{11}	$\cdots$	$r_{1(n-1)}$	
r_1^*	$r_{1(n-1)}$	$r_{1(n-2)}$		r_{10}	
$\vdots$	$\vdots$				
r_{n-1}	$r_{(n-1)0}$	$r_{(n-1)1}$			
r_{n-1}^*	$r_{(n-1)1}$	$r_{(n-1)0}$			
r_n	r_{n0}				

第 $r_i^*(i = 0, \cdots, n-1)$ 行的元素可以通过将它的前一行 r_i 的元素反向排列而得到。第 $r_{i+1}(i = 0, \cdots, n-1)$ 行通过它的前两行 r_{i-1} 和 r_{i-1}^* 进

行如下计算得到

$$r_{(i+1)j} = \frac{1}{r_{i0}} \begin{vmatrix} r_{ij} & r_{i(n-i)} \\ r_{i(n-i-j)} & r_{i0} \end{vmatrix}, \quad i = 0, \cdots, n-1, \quad j = 0, \cdots, n-i-1$$

(4.14)

定理 4.2(Jury 稳定判据)[10]　　如下说法等价:

(1) $a(z)$ 是稳定的。

(2) $r_{i0} > 0 (i = 1, \cdots, n)$。

(3) $|r_{i0}| > |r_{i(n-i)}| (i = 0, 1, \cdots, n-1)$。

通常情况下, 如果存在 $1 \leqslant i < n$, 使得 $r_{i0} = 0$, 则无法创建 Jury 表。在这种情况下, 无须计算 Jury 表的余下部分, 因为我们通过 Jury 稳定判据可以得知给定的多项式是不稳定的。

对给定的稳定多项式 $a(z)$, 构造相应的 Jury 表, 对于相应的行 $r_i(i = 1, 2, \cdots, n)$, 定义如下多项式

$$r_1(z) = r_{10}z^{n-1} + r_{11}z^{n-2} + \cdots + r_{1(n-1)} \tag{4.15}$$

$$\vdots$$

$$r_{n-1}(z) = r_{(n-1)0}z + r_{(n-1)1}$$

$$r_n(z) = r_{n0}$$

由于 $a(z)$ 是稳定的, $r_{i0} > 0$, $|r_{i0}| > |r_{i(n-i)}| (i = 1, 2, \ldots, n)$。我们可以定义

$$\alpha_i = \sqrt{\frac{r_{00}}{r_{i0}}}, \quad i = 1, 2, \cdots, n$$

定理 4.3 [11]　　如下函数

$$B_i(z) = \alpha_i \frac{r_i(z)}{a(z)}, \quad i = 1, 2, \cdots, n \tag{4.16}$$

构成 $\mathcal{X}_a$ 的一组单位正交基。

另外一组单位正交基可以通过多项式 (4.15) 的逆得到。类似的构造方法参见文献 [12]。

推论 4.1 如下函数

$$\tilde{B}_i(z) = \alpha_i \frac{z^{n-1} r_i(z^{-1})}{a(z)}, \quad i = 1, \cdots, n$$

构成 $\mathcal{X}_a$ 的一组单位正交基。

证明 注意

$$\begin{aligned}
\langle \tilde{B}_i(z), \tilde{B}_k(z) \rangle &= \frac{1}{2\pi} \int_{-\pi}^{\pi} \tilde{B}_i(e^{-j\omega}) \tilde{B}_k(e^{j\omega}) d\omega \\
&= \frac{1}{2\pi} \int_{-\pi}^{\pi} \alpha_i \alpha_k \frac{r_i(e^{j\omega}) r_k(e^{-j\omega})}{a(e^{-j\omega}) a(e^{j\omega})} d\omega \\
&= \frac{1}{2\pi} \int_{-\pi}^{\pi} B_k(e^{-j\omega}) B_i(e^{j\omega}) d\omega \\
&= \langle B_k(z), B_i(z) \rangle \\
&= \begin{cases} 1, & i = k \\ 0, & i \neq k \end{cases}
\end{aligned}$$

因而，函数 $\tilde{B}_i(z)(i = 1, \cdots, n)$ 构成 $\mathcal{X}_a$ 的一组单位正交基。 $\square$

4.4 不同正交函数构造方法之间的关系

在 4.3 节，我们已经介绍了构造 $\mathcal{X}_a$ 的单位正交基的三种不同方法，本节我们来研究各种方法之间的内在关系。

回忆在定理 4.3 中构造的 Jury 表以及定义的系数 α_i

$$\alpha_i = \sqrt{\frac{r_{00}}{r_{i0}}}, \quad i = 1, 2, \cdots, n$$

我们在这里扩充定义

$$\alpha_0 = \sqrt{\frac{r_{00}}{r_{00}}} = 1, \quad k_i = \frac{r_{i(n-i)}}{r_{i0}}, \quad i = 0, 1, 2, \cdots, n$$

引理 4.2 [13] k_i 满足

$$k_i^2 = 1 - \alpha_i^2/\alpha_{i+1}^2, \quad i = 0, 1, \cdots, n-1 \tag{4.17}$$

证明 注意

$$r_{(i+1)0} = r_{i0} - \frac{r_{i(n-i)}}{r_{i0}} r_{i(n-i)} = r_{i0}(1 - k_i^2)$$

我们可以得到

$$k_i^2 = 1 - r_{(i+1)0}/r_{i0} = 1 - \alpha_i^2/\alpha_{i+1}^2 \qquad \Box$$

因为式 (4.15) 定义的多项式具有非常特殊的结构，我们类似地令 $r_0(z) = a(z)$ 并且定义 $r_i(z)(i = 0, 1, \cdots, n)$ 的逆多项式为

$$r_i^*(z) = r_{i(n-i)}z^{n-i} + r_{i(n-i-1)}z^{n-i-1} + \cdots + r_{i1}z + r_{i0} \qquad (4.18)$$

引理 4.3 多项式 (4.15) 和式 (4.18) 满足如下递推关系

$$r_{i+1}(z) = (r_i(z) - k_i r_i^*(z))/z$$
$$r_{i+1}^*(z) = r_i^*(z) - k_i r_i(z) \qquad (4.19)$$

和

$$r_i(z) = (zr_{i+1}(z) + k_i r_{i+1}^*(z))\alpha_{i+1}^2/\alpha_i^2$$
$$r_i^*(z) = k_i r_i(z) + k_{i+1} r_{i+1}(z) + \cdots + k_{n-1} r_{n-1}(z) + r_n(z) \qquad (4.20)$$
$$i = 0, 1, \cdots, n - 1.$$

证明 因为

$$r_{(i+1)j} = r_{ij} - \frac{r_{i(n-i)}}{r_{i0}} r_{i(n-i-j)}$$

从 $r_i(z)$ 和 $r_i^*(z)$ 的定义可以很容易地得到

$$r_{i+1}(z) = (r_i(z) - k_i r_i^*(z))/z$$
$$r_{i+1}^*(z) = r_i^*(z) - k_i r_i(z)$$

从以上两个方程和式 (4.17)，我们可以得到

$$r_i(z) = (zr_{i+1}(z) + k_i r_{i+1}^*(z))\alpha_{i+1}^2/\alpha_i^2$$
$$r_i^*(z) = k_i r_i(z) + k_{i+1} r_{i+1}(z) + \cdots + k_{n-1} r_{n-1}(z) + r_n(z) \qquad \Box$$

我们将会看到以上递推方程在寻找内函数 $G(z) = z^n a(z^{-1})/a(z)$ 的平衡实现以及 Hankel 算子的研究中起着非常重要的作用。

下面的定理给出了构造 $\mathcal{X}_a$ 的单位正交基的三种不同方法之间的关系。

定理 4.4 [14]   构造 $a(z)$ 的对应 Jury 表并定义海森伯格矩阵 A 以及矩阵 B, C, D 如下

$$A = \begin{bmatrix} -k_0 k_1 & \alpha_1/\alpha_2 & \cdots & 0 & 0 \\ -k_0 k_2 \alpha_1/\alpha_2 & -k_1 k_2 & \cdots & 0 & 0 \\ \vdots & \vdots & & \vdots & \vdots \\ -k_0 k_{n-1} \alpha_1/\alpha_{n-1} & -k_1 k_{n-1} \alpha_2/\alpha_{n-1} & \cdots & -k_{n-2} k_{n-1} & \alpha_{n-1}/\alpha_n \\ -k_0 k_n \alpha_1/\alpha_n & -k_1 k_n \alpha_2/\alpha_n & \cdots & -k_{n-2} k_n \alpha_{n-1}/\alpha_n & -k_{n-1} k_n \end{bmatrix}$$

$$B = \begin{bmatrix} k_1/\alpha_1 & k_2/\alpha_2 & \cdots & k_n/\alpha_n \end{bmatrix}^{\mathrm{T}}$$

$$C = \begin{bmatrix} \alpha_0/\alpha_1 & 0 & \cdots & 0 \end{bmatrix}$$

$$D = k_0 \tag{4.21}$$

那么

(1) (A, B, C, D) 构成了内函数 $G(z) = \dfrac{z^n a(z^{-1})}{a(z)}$ 的一个平衡实现。

(2) 单位正交函数 $B_i(z)$ 满足

$$\begin{bmatrix} B_1(z) & B_2(z) & \cdots & B_n(z) \end{bmatrix} = C(zI - A)^{-1} \tag{4.22}$$

(3) 单位正交函数 $E_i(z)$ 满足

$$E_{n-i+1}(z) = B_i(z), \quad i = 1, 2, \ldots, n$$

证明   定义

$$U = \begin{bmatrix} D & C \\ B & A \end{bmatrix}$$

我们将首先证明 U 是归一的酉矩阵, 即 $U'U = U'U = I$。令 $U'U = Q := \{q_{ij}\}$。从式 (4.17), 我们可得

$$k_i^2/\alpha_i^2 = 1/\alpha_i^2 - 1/\alpha_{i+1}^2, \quad i = 0, \cdots, n-1$$

注意到 $\alpha_0 = 1$, 有

$$q_{11} = \sum_{i=0}^{n} k_i^2/\alpha_i^2 = \sum_{i=0}^{n-1}(1/\alpha_i^2 - 1/\alpha_{i+1}^2) + 1/\alpha_n^2 = 1/\alpha_0^2 = 1$$

对于 $q_{ii}(i = 2, \cdots, n+1)$, 可以得到

$$q_{ii} = \frac{\alpha_{i-2}^2}{\alpha_{i-1}^2} + \sum_{l=i-1}^{n} k_{i-2}^2 k_l^2 \frac{\alpha_{i-1}^2}{\alpha_l^2}$$

$$= \frac{\alpha_{i-1}^2}{\alpha_{i-1}^2} + k_{i-2}^2 \alpha_{i-1}^2 \sum_{l=i-1}^{n} k_l^2/\alpha_l^2$$

$$= \frac{\alpha_{i-2}^2}{\alpha_{i-1}^2} + k_{i-2}^2 = 1$$

对于 $q_{1j}(j > 1)$, 有

$$q_{1j} = k_{j-2}/\alpha_{j-1} - \sum_{l=j-1}^{n} k_{j-2} k_{j-1}^2 \alpha_{j-1}/\alpha_l^2$$

$$= k_{j-2}\alpha_{j-1}\left(1/\alpha_{j-1} - \sum_{l=j-1}^{n} k_{j-1}^2/\alpha_l^2\right) = 0$$

对于 $q_{ij}(j > i > 1)$, 有

$$q_{ij} = -k_{i-2}k_{j-2}\alpha_{i-1}/\alpha_{j-1} + \sum_{l=j-1}^{n} k_{i-2}k_l\frac{\alpha_{i-1}}{\alpha_l}k_{j-2}k_l\frac{\alpha_{j-1}}{\alpha_l}$$

$$= k_{i-2}k_{j-2}\alpha_{i-1}\alpha_{j-1}\left(-1/\alpha_{j-1}^2 + \sum_{l=j-1}^{n} k_l^2/\alpha_l^2\right) = 0$$

因为 $q_{ji} = q_{ij}$, 这就证明了 $Q = I$, 因为 U 是方阵, U 必定是归一的酉阵。又因为

$$U'U = \begin{bmatrix} D'D + B'B & D'C + B'A \\ C'D + A'B & C'C + A'A \end{bmatrix} = I \tag{4.23}$$

$$UU' = \begin{bmatrix} DD' + CC' & DB' + CA' \\ BD' + AC' & BB' + AA' \end{bmatrix} = I \tag{4.24}$$

可以得到

$$A'A + C'C - I = 0$$

$$AA' + BB' - I = 0$$

注意到式 (4.22) 等价于

$$\left[\begin{array}{cccc} \dfrac{\alpha_1}{\alpha_0} r_1(z) & \cdots & \dfrac{\alpha_n}{\alpha_0} r_n(z) \end{array} \right] (zI - A) = \left[\begin{array}{cccc} \dfrac{\alpha_1}{\alpha_0} a(z) & 0 & \cdots & 0 \end{array} \right] \quad (4.25)$$

从式 (4.20), 容易证明

$$-\frac{\alpha_{n-1}}{\alpha_n}\frac{\alpha_{n-1}}{\alpha_0} r_{n-1}(z) + (z + k_{n-1}k_n)\frac{\alpha_n}{\alpha_0} r_n(z) = 0$$

对于 $i = 2, \cdots, n-1$, 我们有

$$-\frac{\alpha_{i-1}}{\alpha_i}\frac{\alpha_{i-1}}{\alpha_0} r_{i-1}(z) + (z + k_{i-1}k_i)\frac{\alpha_i}{\alpha_0} r_i(z) + \cdots + k_{i-1}k_n\frac{\alpha_i}{\alpha_n}\frac{\alpha_n}{\alpha_0} r_n(z)$$

$$= -\frac{\alpha_i}{\alpha_0}(zr_i(z) + k_{i-1}r_i^*(z)) + (z + k_{i-1}k_i)\frac{\alpha_i}{\alpha_0} r_i(z) + \cdots + k_{i-1}k_n\frac{\alpha_i}{\alpha_0} r_n(z)$$

$$= 0$$

对于第一列, 可以得到

$$(z + k_0k_1)\frac{\alpha_1}{\alpha_0} r_1(z) + k_0k_2\frac{\alpha_1}{\alpha_2}\frac{\alpha_2}{\alpha_0} r_2(z) + \cdots + k_0k_n\frac{\alpha_1}{\alpha_n}\frac{\alpha_n}{\alpha_0} r_n(z)$$

$$= \frac{\alpha_1}{\alpha_0}(zr_1(z) + k_0r_1^*(z)) = \frac{\alpha_1}{\alpha_0} a(z)$$

这就证明了式 (4.22) 成立。因为

$$C(zI - A)^{-1}B + D = \sum_{i=1}^{n} k_i \frac{r_i(z)}{a(z)} + k_0$$

$$= \frac{1}{a(z)} \sum_{i=0}^{n} k_i r_i(z)$$

$$= \frac{r_0^*(z)}{a(z)} = G(z)$$

所以, (A, B, C, D) 构成了 $G(z)$ 的一个平衡实现。令

$$\begin{bmatrix} B_n(z) & \cdots & B_1(z) \end{bmatrix} = \begin{bmatrix} E_1(z) & \cdots & E_n(z) \end{bmatrix} V$$

显然 V 是归一的酉阵。因为 $B_i(z)$ 和 $E_i(z)$ 具有特殊的三角结构, 容易看出 V 是一个具有正的对角线元素的三角矩阵。因而 V 必定是单位矩阵, 从而可得

$$E_{n-i+1}(z) = B_i(z) = \alpha_i \frac{r_i(z)}{a(z)}, \quad i = 1, 2, \cdots, n \qquad \square$$

推论 4.2 令

$$G(z) = \frac{z^n a(z^{-1})}{a(z)}$$

为由稳定的多项式 $a(z)$ 产生的内函数, $B_i(z)$ 为定理 4.3 中构造的单位正交函数。则函数

$$V_{k \times n + i}(z) = z B_i(z) G^k(z), \quad i = 1, \cdots, n, \quad k = 0, \cdots, \infty$$

构成 $\mathcal{H}_2$ 的一组正交基。

证明 可以从定理 4.3 和文献 [8] 中的结果直接得到。 $\qquad \square$

推论 4.3 令 $\{\tilde{F}_i(z) = F_{n-i+1}(z), i = 1, 2, \cdots, n\}$ 为 $\mathcal{X}_a$ 的 "反向" 标准基 $\{\tilde{E}_i(z), i = 1, 2, \cdots, n\}$ 为这组基通过施密斯正交化方法得到的单位正交函数。则推论 4.1 中的函数 $\tilde{B}_i(z)(i = 1, 2, \cdots, n)$ 满足

$$\tilde{B}_{n-i+1}(z) = \tilde{E}_i(z), \quad i = 1, 2, \ldots, n \tag{4.26}$$

证明 注意到

$$\tilde{E}_i(z) = \frac{\beta_{i1} z^{n-1} + \beta_{i2} z^{n-2} + \cdots + \beta_{ii} z^{n-i}}{a(z)}, \quad i = 1, \cdots, n$$

$\tilde{E}_i(z)$ 和 $\tilde{B}_{n-i+1}(z)$ 具有相同的结构。证明的其余部分和定理 4.3 的证明相似。 $\qquad \square$

4.5 用扩展 Jury 表计算 $\mathcal{H}_2$ 范数

令 $G(z) \in \mathcal{L}_2$ 则 $G(z)$ 的 $\mathcal{L}_2$ 范数定义如下

$$\|G(z)\|_2 = \sqrt{\frac{1}{2\pi} \oint_{-\pi}^{\pi} \overline{G(\mathrm{e}^{\mathrm{j}\omega})} G(\mathrm{e}^{\mathrm{j}\omega}) \mathrm{d}\omega}$$

虽然 $\|G(z)\|_2$ 理论上可以通过以上定义来计算，但计算过程涉及复杂的积分过程，有一个直接的方法是利用留数定理。我们知道 $\|G(z)\|_2^2$ 等于 $\overline{G(z)}G(z)$ 在单位圆内的所有极点的留数和。

一种用来计算 $G(z)$ 的 $\mathcal{H}_2$ 范数的方法是利用假想的输入-输出响应。令输入信号为脉冲信号 $\delta(0)$ 并令输出为 $g(k)$，则 $g(k) \in \ell_2$ 并且

$$\|G(z)\|_2^2 = \sum_{k=0}^{\infty} |g(k)|^2$$

另一种计算 $\mathcal{L}_2$ 范数的方法是利用状态空间法。

定理 4.5 [7]　考虑一个稳定的系统，其状态空间实现为 (A, B, C, D)，则

$$\|G(z)\|_2^2 = B^*QB + DD^* = CPC^* + DD^* \tag{4.27}$$

式中，Q 和 P 是系统的能观和能控格拉姆矩阵，可以通过如下李雅普诺夫方程求得

$$APA^* - P + BB^* = 0$$

$$A^*QA - Q + C^*C = 0$$

我们已经介绍了几种计算 $\mathcal{H}_2$ 范数的不同方法，但这些方法在实际应用时并非易事。以最常用的状态空间方法为例，它仍然需要求解李雅普诺夫方程。我们在这里将介绍一种非常简单的方法，可以通过 Jury 表和如上正交基来计算 $\mathcal{H}_2$ 范数，这种方法只需要最基本的数学计算。

考虑一个稳定的系统

$$G(z) = \frac{b(z)}{a(z)} = \frac{b_0 z^n + b_1 z^{n-1} + \cdots + b_n}{a_0 z^n + a_1 z^{n-1} + \cdots + a_n}, \quad a_0 > 0$$

很显然，$G(z) \in \mathbf{R} \oplus \mathcal{X}_a$。回忆我们在定理 4.3 中定义的正交基，如果我们令

$$b(z) = \beta_0 a(z) + \beta_1 r_1(z) + \cdots + \beta_n r_n(z)$$

则可以把 $G(z)$ 按照如上正交基展开

$$G(z) = \frac{\beta_0}{\alpha_0} B_0(z) + \frac{\beta_1}{\alpha_1} B_1(z) + \cdots + \frac{\beta_n}{\alpha_n} B_n(z) \tag{4.28}$$

式中，$B_0(z) = 1$；$\alpha_0 = 1$；并且

$$\|G(z)\|_2^2 = \sum_{i=0}^{n} \frac{\beta_i^2}{\alpha_i^2}$$

计算 $\beta_i (i = 0, \cdots, n)$ 的过程是非常容易的。我们仅需比较式 (4.28) 的对应系数，求解一组线性方程即可。由于这组方程具有特殊的三角形结构，我们可以采用更加直接的方法来进行计算。事实上，我们可以利用扩展的 Jury 表来同时得到单位正交基和对应的展开系数 β_i，构造如下扩展 Jury 表。

r_{00}	$\cdots$	$r_{0(n-1)}$	r_{0n}	b_{0n}	$\cdots$	b_{01}	b_{00}
r_{0n}	$\cdots$	r_{01}	r_{00}	r_{0n}	$\cdots$	r_{01}	r_{00}
r_{10}	$\cdots$	$r_{1(n-1)}$		$b_{1(n-1)}$	$\cdots$	b_{10}	
$r_{1(n-1)}$	$\cdots$	r_{10}		$r_{1(n-1)}$	$\cdots$	r_{10}	
$\vdots$				$\vdots$			
$r_{(n-1)0}$	$r_{(n-1)1}$			$b_{(n-1)1}$	$b_{(n-1)0}$		
$r_{(n-1)1}$	$r_{(n-1)0}$			$r_{(n-1)1}$	$r_{(n-1)0}$		
a_{n0}				b_{n0}			

扩展 Jury 表是在 Jury 表的右端再增加类似的一块行列得到的。扩展部分的第一行的元素可以直接从分子 $b(z)$ 的系数得到

$$b_{00} = b_0, \quad \cdots, \quad b_{0(n-1)} = b_{n-1}, \quad b_{0n} = b_n$$

扩展部分的第 2, 4, 6, ⋯ 行是 Jury 表对应的第 2, 4, 6, ⋯ 行的复制, 第 3, 5, ⋯ 行按照下面的方法由这一行的上面两行计算得到

$$b_{(i+1)j} = \frac{1}{r_{i0}} \begin{vmatrix} b_{i(j+1)} & b_{i0} \\ r_{i(j+1)} & r_{i0} \end{vmatrix}, \quad i = 0, \cdots, n-1, \quad j = 0, \cdots, n-i-1$$

$$(4.29)$$

下面的算法详细地给出了计算一个稳定传递函数的 2- 范数的方法。

算法 计算 $\mathcal{H}_2$ 的 2- 范数

步骤 1 构造 $G(z)$ 的扩展 Jury 表。

步骤 2 定义 $\beta_i = \dfrac{b_{i0}}{r_{i0}} (i = 0, \cdots, n)$。

步骤 3 $\|G(z)\|_2^2 = \dfrac{1}{r_{00}} \sum_{i=0}^{n} \beta_i^2 r_{i0}$。

文献 [15] 给出了一个类似的计算 $\mathcal{H}_2$ 范数的方法, 它将 $G(z)$ 按照推论 4.1 中的单位正交基 $\{\tilde{G}_i(z)\}$ 进行展开。其中, 扩展 Jury 表的定义方法与本方法不同, 是某种意义上的 "反转"。类似的方法也出现在文献 [16] 中, 利用 Routh 表来计算连续系统的 $\mathcal{H}_2$ 范数。

例 4.7 考虑如下系统

$$G(z) = \frac{b(z)}{a(z)} = \frac{\sqrt{2}z + 1/2}{z^2 + \sqrt{2}z + 1/2}$$

$G(z)$ 的扩展 Jury 表构造如下:

r_0	1	$\sqrt{2}$	$\dfrac{1}{2}$	$\dfrac{1}{2}$	$\sqrt{2}$	0
r_0^*	$\dfrac{1}{2}$	$\sqrt{2}$	1	$\dfrac{1}{2}$	$\sqrt{2}$	1
r_1	$\dfrac{3}{4}$	$\dfrac{\sqrt{2}}{2}$		$\dfrac{1}{2}$	$\sqrt{2}$	
r_1^*	$\dfrac{\sqrt{2}}{2}$	$\dfrac{3}{4}$		$\dfrac{\sqrt{2}}{2}$	$\dfrac{3}{4}$	
r_2	$\dfrac{1}{12}$			$-\dfrac{5}{6}$		

$\mathcal{X}_a$ 的单位正交基为

$$G_1(z) = \frac{\sqrt{\frac{4}{3}}\left(\frac{3}{4}z + \frac{\sqrt{2}}{2}\right)}{z^2 + \sqrt{2}z + 1/2} = \frac{\frac{\sqrt{3}}{2}z + \frac{\sqrt{6}}{3}}{z^2 + \sqrt{2}z + 1/2}$$

$$G_2(z) = \frac{\sqrt{12}\frac{1}{12}}{z^2 + \sqrt{2}z + 1/2} = \frac{\frac{\sqrt{3}}{6}}{z^2 + \sqrt{2}z + 1/2}$$

$G(z)$ 的范数为

$$\|G(z)\|_2^2 = 0 + \frac{4}{3}(\sqrt{2})^2 + 12\left(-\frac{5}{6}\right)^2 = 11$$

参 考 文 献

[1] Green M K, Limebeer D J. Linear Robust Control. New Jersey: Prentice Hall, 1995.

[2] 张贤达. 矩阵分析与应用. 北京: 清华大学出版社, 2009.

[3] 张其善, 张凤元, 杨东凯. 信息传输与正交函数. 北京: 国防工业出版社, 2008.

[4] Chui C K, Chen G. Discrete H^∞ Optimization. London: Springer, 1997.

[5] Francis B A. A Course in H_∞ Control Theory. Berlin: Springer, 1987.

[6] Zhou K, Doyle J C. Essentials of Robust Control. New Jersey: Prentice Hall, 1998.

[7] Zhou K, Doyle J C, Glover K. Robust and Optimal Control. New Jersey: Prentice Hall, 1996.

[8] Heuberger P, Van den Hof P M J, Bosgra O. A generalized orthonormal basis for linear dynamica systems. IEEE Trans. Automat. Contr., 1995, 40: 451–465.

[9] Jury E I, Blanchardy J. A stability test for linear discrete systems in table form. Proc. IRE, 1961, 50: 1947–1948.

[10] Harn Y P, Chen C T. A proof of a discrete stability test via the Lyapunov theorem. IEEE Trans. Automat. Contr., 1981, 26: 457–480.

[11] Calvez L C, Vilbé P, Derrien A, et al. General orthogonal sequences via a Routh-type stability array. Electronics Letters, 1992, 28: 19–20.

[12] Ninness B, Gustasson F. A unfying construction of orthonormal bases for system identification. IEEE Trans. Automat. Contr., 1997, 42: 515–521.

[13] Zhao X, Qiu L. Orthonormal rational functions via the Jury table and their applications. Proc. 42nd IEEE Conference on Decision and Control, 2003, 5265–5270.

[14] Zhao X, Qiu L. Solutions to Nehari and Hankel approximation problems using orthonormal functions. American Control Conference, 2004, 1: 102–107.

[15] Åström K J. Introduction to Stochastic Control Theory. New York: Academic Press, 1970.

[16] Qiu L. What can Routh table offer in addition to stability? Journal of Control Theory and Application, 2003, 1: 9–16.

第 5 章

Hankel 算子和紧 Hankel 矩阵

本章将要研究 Hankel 算子以及其矩阵表达形式,通过由 Jury 表构造的单位正交有理函数来给出紧 Hankel 矩阵的表达,并计算该矩阵的奇异值和相对应的施密特对。

5.1 Hankel 算子和 Hankel 矩阵

Hankel 算子在很多工程问题中都有着广泛的应用，如模型降阶问题[1]、最优控制问题[2]、滤波器设计[3] 等。分析 Hankel 算子的奇异值和相对应的施密特对是解决这些问题的关键。

本节，我们先给出 Hankel 算子和 Hankel 矩阵的定义，然后了解 Hankel 奇异值及其对应的施密特对。

5.1.1 Hankel 算子和伴随 Hankel 算子

令 $P_+ : \mathcal{L}_2 \to \mathcal{H}_2$ 和 $P_- : \mathcal{L}_2 \to \mathcal{H}_2^\perp$ 分别表示从 $\mathcal{L}_2$ 到 $\mathcal{H}_2$ 和 $\mathcal{H}_2^\perp$ 的正交投影，则有

$$P_+ \left(\sum_{k=-\infty}^{\infty} f(k)z^{-k} \right) = \sum_{k=0}^{\infty} f(k)z^{-k} \tag{5.1}$$

$$P_- \left(\sum_{k=-\infty}^{\infty} f(k)z^{-k} \right) = \sum_{k=-\infty}^{-1} f(k)z^{-k}$$

定义 5.1 [4] 令 $G(z) \in \mathcal{L}_\infty$，其关联 Hankel 算子 $\Gamma_G : \mathcal{H}_2^\perp \to \mathcal{H}_2$ 定义为

$$\Gamma_G U(z) = P_+(G(z)U(z)), \ U(z) \in \mathcal{H}_2^\perp \tag{5.2}$$

基于本书的研究对象，我们将限定 $G(z)$ 为有理函数，即 $G(z) \in \mathcal{RL}_\infty$。那么 $G(z)$ 可以分解成严格因果部分和反因果 (anticausal) 部分

$$G(z) = G_s(z) + G(\infty) + G_a(z)$$

则对于任意的 $U(z) \in \mathcal{H}_2^\perp$，容易得到

$$\Gamma_G U(z) = P_+(G(z)U(z)) = P_+(G_s(z)U(z))$$

因而，$G(z) \in \mathcal{RL}_\infty$ 的关联 Hankel 算子仅仅依赖于 $G(z)$ 的严格因果部分。因此，可以不失一般性地假设 $G(z) \in \mathcal{RH}_\infty$ 并且是严格真的。

Γ_G 的伴随 Hankel 算子可以通过如下定义计算得到, 即令 $U(z) \in \mathcal{H}_2^\perp, V(z) \in \mathcal{H}_2$, 则

$$
\begin{aligned}
\langle \Gamma_G U(z), V(z) \rangle &= \langle P_+(G(z)U(z)), V(z) \rangle \\
&= \langle P_+(G(z)U(z)), V(z) \rangle + \langle P_-(G(z)U(z)), V(z) \rangle \\
&= \langle G(z)U(z), V(z) \rangle = \langle U(z), G(z^{-1})V(z) \rangle \\
&= \langle U(z), P_+(G(z^{-1})V(z)) \rangle + \langle U(z), P_-(G(z^{-1})V(z)) \rangle \\
&= \langle U(z), P_-(G(z^{-1})V(z)) \rangle
\end{aligned}
$$

因而, 伴随 Hankel 算子 $\Gamma_G^* : \mathcal{H}_2 \to \mathcal{H}_2^\perp$ 为

$$
\Gamma_G^* U(z) = P_-(G(z^{-1})U(z)), \quad U(z) \in \mathcal{H}_2 \tag{5.3}
$$

由于时域的 $\ell_2(\mathbf{Z})$ 和频域的 $\mathcal{L}_2$ 是等距同构的 (isometric isomorphism), 我们也可以类似地定义时域的 Hankel 算子。令 $g(k)$ 为 $G(z)$ 的逆 z- 变换。时域的 Hankel 算子 $\Gamma_g : \ell_2(\mathbf{Z}_-) \to \ell_2(\mathbf{Z}_+)$ 定义为

$$
\Gamma_g u = P_+(g * u), u \in \ell_2(\mathbf{Z}_-)
$$

因而有

$$
(\Gamma_g u)(k) = \begin{cases} \displaystyle\sum_{i=-\infty}^{0} g(k-i)u(i), & k \geqslant 0 \\ 0, & k < 0 \end{cases}
$$

5.1.2　Hankel 矩阵与 Hankel 奇异值

令 $G(z) = \displaystyle\sum_{i=0}^{\infty} g_i z^{-i} \in \mathcal{RH}_\infty$ 为一个稳定系统的严格真有理传递函数, 则关联的 Hankel 算子 Γ_G 可以看做是过去输入信号和未来输出信号之间的一个映射, 可以容易地得到 Hankel 算子的一个矩阵表达形式。

定义 5.2 [5]　给定 $G(z) = \displaystyle\sum_{i=1}^{\infty} g_i z^{-i} \in \mathcal{RH}_\infty$, 则 $G(z)$ 的关联 Hankel 矩阵是如下无穷矩阵

$$H = \begin{bmatrix} g_1 & g_2 & g_3 & \cdots \\ g_2 & g_3 & g_4 & \cdots \\ g_3 & g_4 & g_5 & \cdots \\ \vdots & \vdots & \vdots & \vdots \end{bmatrix}$$

令 (A, B, C, D) 为 $G(z)$ 的一个状态空间实现, 则我们可以得到

$$g_i = \begin{cases} D, & i = 0 \\ CA^{k-1}B, & i > 0 \end{cases}$$

因而有

$$H = \begin{bmatrix} g_1 & g_2 & g_3 & \cdots \\ g_2 & g_3 & g_4 & \cdots \\ g_3 & g_4 & g_5 & \cdots \\ \vdots & \vdots & \vdots & \vdots \end{bmatrix} = \begin{bmatrix} C \\ CA \\ CA^2 \\ \vdots \end{bmatrix} \begin{bmatrix} B & AB & A^2B & \cdots \end{bmatrix} := \Psi_{\mathrm{o}} \Psi_{\mathrm{c}}$$

令 P, Q 为该系统的可控格拉姆矩阵与可观格拉姆矩阵, 则有

$$P = \sum_{i=0}^{\infty} A^i B B^* A^{*i} = \Psi_{\mathrm{c}} \Psi_{\mathrm{c}}^*$$

$$Q = \sum_{i=0}^{\infty} A^{*i} C^* C A^i = \Psi_{\mathrm{o}}^* \Psi_{\mathrm{o}}$$

引理 5.1 [2]   算子 $\Gamma_g^* \Gamma_g$ (或 $\Gamma_G^* \Gamma_G$) 以及矩阵 PQ 具有相同的非零特征值 $\sigma_1^2 \geqslant \sigma_2^2 \geqslant \cdots \geqslant \sigma_n^2 \geqslant 0$。

定义 5.3   如下降序排列的数值 $\sigma_1 \geqslant \sigma_2 \geqslant \cdots \geqslant \sigma_n \geqslant 0$ 被称为给定系统 $G(z)$ 的 Hankel 奇异值。

5.1.3   Hankel 算子的施密特对

令 $\sigma^2 \neq 0$ 为 $\Gamma_g^* \Gamma_g$ 的一个特征值, $0 \neq u \in \ell_2(\mathbf{Z}_-)$ 为相应的特征向量。定义

$$v := \frac{1}{\sigma} \Gamma_g u \in \ell_2(\mathbf{Z}_+)$$

则 (u, v) 满足

$$\Gamma_g u = \sigma v$$
$$\Gamma_g^* v = \sigma u$$

这样的一对向量 (u, v) 称为 Γ_g 的施密特对。引理 5.1 给出了构造该施密特对的一种方法。

令 σ_i^2, η_i 为 PQ 的特征值和对应的特征向量

$$PQ\eta_i = \sigma_i^2 \eta$$

定义

$$\xi := \frac{1}{\sigma_i} Q\eta$$

则

$$u = \Psi_c^* \xi = \begin{bmatrix} B^* \\ B^* A^* \\ B^* A^{*2} \\ \vdots \end{bmatrix} \xi \in \ell_2(\mathbf{Z}_-)$$

$$v = \Psi_o \eta = \begin{bmatrix} C \\ CA \\ CA^2 \\ \vdots \end{bmatrix} \eta \in \ell_2(\mathbf{Z}_+)$$

为 Γ_g 的施密特对。令

$$U(z) = \sum_{k=1}^{\infty} B^* A^{*(k-1)} \xi z^k \in \mathcal{RH}_2^{\perp}$$

$$V(z) = \sum_{k=0}^{\infty} CA^k \xi z^{-k} \in \mathcal{RH}_2$$

则 $(U(z), V(z))$ 为频域 Γ_G 的施密特对。

下面给出另一种计算施密特对的方法[6]。假定 Hankel 矩阵 H 具有如下无限奇异值分解

$$H = USV^*$$
$$S = \mathrm{diag}\{\sigma_1, \sigma_2, \cdots\}$$
$$U = [\ u_1 \quad u_2 \quad \cdots \ ]$$
$$V = [\ v_1 \quad v_2 \quad \cdots \ ]$$

式中, U, V 是西矩阵。则有

$$u_i = \begin{bmatrix} u_{i1} \\ u_{i2} \\ \vdots \end{bmatrix}, \quad v_i = \begin{bmatrix} v_{i1} \\ v_{i2} \\ \vdots \end{bmatrix}$$

最后, 可以得到 $U(z), V(z)$ 为

$$U_i(z) = \sum_{k=1}^{\infty} u_{i,k} z^k \in \mathcal{RH}_2^{\perp}$$
$$V_i(z) = \sum_{k=1}^{\infty} v_{i,k} z^{1-k} \in \mathcal{RH}_2$$

5.2 紧 Hankel 矩阵

在 5.1 节, 我们介绍了 Hankel 矩阵和施密特对以及计算方法, 但是因为 Hankel 矩阵是无限维矩阵, u, v 是无限序列, 计算 $(U(z), V(z))$ 并不容易。本节, 我们将通过由 Jury 表构造的单位正交有理函数来研究紧 Hankel 矩阵的表达与计算问题。

5.2.1 紧 Hankel 算子

我们首先定义如下逆算子 $J : \mathcal{L}_2 \to \mathcal{L}_2$ 和反向移动算子 $S : \mathcal{L}_2 \to \mathcal{L}_2$

$$JU(z) = U(z^{-1}), \quad SU(z) = zU(z) \tag{5.4}$$

显然，J 和 S 都是归一算子。对任意的 $U(z) = \dfrac{x(z)}{a(z)} \in \mathcal{X}_a$，我们有

$$JU(z) = U(z^{-1}) = \frac{zx^{\sim}(z)}{a^{\sim}(z)} \tag{5.5}$$

式中，$a^{\sim}(z) = z^n a(z^{-1})$; $x^{\sim}(z) = z^{n-1} x(z^{-1})$。

由于当 $G(z)$ 为有理函数时，其关联的 Hankel 算子 Γ_G 是一个有限维算子，我们有如下性质。

引理 5.2 [7]　令 $G(z) = \dfrac{b(z)}{a(z)}$ 为严格真的有理稳定传递函数，则有

$$\begin{aligned}
\operatorname{Im} \Gamma_G &= S\mathcal{X}_a \\
(\operatorname{Ker} \Gamma_G)^{\perp} &= J\mathcal{X}_a \\
\operatorname{Im} \Gamma_G^* &= J\mathcal{X}_a \\
(\operatorname{Ker} \Gamma_G^*)^{\perp} &= S\mathcal{X}_a
\end{aligned} \tag{5.6}$$

可见，Hankel 算子 Γ_G 是一个零算子和一个从 $J\mathcal{X}_a$ 到 $S\mathcal{X}_a$ 的映射的正交直和。我们感兴趣的信息都包含在这样一个压缩形式的从 $J\mathcal{X}_a$ 到 $S\mathcal{X}_a$ 的映射中。

如果我们分别选择 $(\operatorname{Ker} \Gamma_G)^{\perp}$ 和 $\operatorname{Im} \Gamma_G$ 的一组基，则紧 Hankel 算子可以表达成一个矩阵形式。注意到 $(\operatorname{Ker} \Gamma_G)^{\perp}$ 和 $\operatorname{Im} \Gamma_G$ 都是和 $\mathcal{X}_a$ 同构的，我们可以利用在定理 4.3 中构造的 $\mathcal{X}_a$ 的单位正交基

$$B(z) := \begin{bmatrix} B_1(z) & B_2(z) & \cdots & B_n(z) \end{bmatrix}$$

来构造 $(\operatorname{Ker}\Gamma_G)^{\perp}$ 的单位正交基

$$B(z^{-1}) = \begin{bmatrix} B_1(z^{-1}) & B_2(z^{-1}) & \cdots & B_n(z^{-1}) \end{bmatrix}$$

以及 $\operatorname{Im}\Gamma_G$ 的单位正交基

$$zB(z) = \begin{bmatrix} zB_1(z) & zB_2(z) & \cdots & zB_n(z) \end{bmatrix}$$

我们将基于这组基的紧 Hankel 算子的矩阵表达形式标记为 H_G 并且称为紧Hankel 矩阵。则 H_G 的奇异值就是 $G(z)$ 的 Hankel 奇异值。我们假定

$$\sigma_1 \geqslant \sigma_2 \geqslant \cdots \geqslant \sigma_n$$

最大的奇异值 σ_1 被称为 $G(z)$ 的 Hankel 范数，标记为 $\|G(z)\|_{\mathrm{H}}$。对 H_G 作如下奇异值分解

$$H_G = USV^*$$
$$S = \mathrm{diag}\{\sigma_1, \cdots, \sigma_n\}$$
$$U = \begin{bmatrix} u_1 & \cdots & u_n \end{bmatrix}$$
$$V = \begin{bmatrix} v_1 & \cdots & v_n \end{bmatrix}$$

令 (u_i, v_i) 为 H_G 的对应于 σ_i 的左、右奇异向量，定义

$$U_i(z) = B(z^{-1})u_i, \quad V_i(z) = zB(z)v_i \tag{5.7}$$

则 $(U_i(z), V_i(z))$ 是 Γ_G 对应于 σ_i 的施密特对并且满足

$$\Gamma_G U_i(z) = \sigma_i V_i(z)$$

5.2.2　基于 Jury 表的紧 Hankel 矩阵

在 5.1 节，我们已经给出了计算 Γ_G 的 Hankel 奇异值和对应的施密特对的方法，现在问题的关键是如何由给定的 $G(z) = \dfrac{b(z)}{a(z)}$ 得到其紧 Hankel 矩阵表达式 H_G。

对任意的 $U(z) = \dfrac{x^\sim(z)}{a^\sim(z)} \in J\mathcal{X}_a$，有

$$\Gamma_G U(z) = P_+ \left[\frac{b(z)}{a(z)} \frac{x^\sim(z)}{a^\sim(z)} \right] = P_+ \left[\frac{b(z)}{a^\sim(z)} \frac{x^\sim(z)}{a(z)} \right]$$

定义一个新的算子 $T : S\mathcal{X}_a \to S\mathcal{X}_a$ 如下

$$T\frac{x^\sim(z)}{a(z)} = P_+ \left[z\frac{x^\sim(z)}{a(z)} \right] \tag{5.8}$$

注意

$$P_+ \left[z \frac{x^\sim(z)}{a(z)} \right] = P_+ \left[\frac{z\beta(z)}{a(z)} + z\gamma \right] = \frac{z\beta(z)}{a(z)} \in S\mathcal{X}_a$$

式中，γ 是一常数；$\beta(z)$ 为一 $\deg \beta(z) < n$ 的多项式。因此，有 $T\dfrac{x^\sim(z)}{a(z)} \in S\mathcal{X}_a$ T 的定义是完备的，因而有

$$T^i \frac{x^\sim(z)}{a(z)} = P_+ \left[z^i \frac{x^\sim(z)}{a(z)} \right], \quad i = 1, 2, \cdots$$

令

$$F(z) = \frac{b(z)}{a^\sim(z)} = \sum_{k=1}^{\infty} f(k) z^k$$

则 $F(T)$ 可以定义为

$$F(T) \frac{x^\sim(z)}{a(z)} = \sum_{k=1}^{\infty} f(k) T^k \frac{x^\sim(z)}{a(z)} = \sum_{k=1}^{\infty} f(k) P_+ \left[\frac{z^k x^\sim(z)}{a(z)} \right]$$

$$= P_+ \left[\sum_{k=1}^{\infty} f(k) \frac{z^k x^\sim(z)}{a(z)} \right]$$

$$= P_+ \left[\frac{b(z)}{a^\sim(z)} \frac{x^\sim(z)}{a(z)} \right]$$

进一步定义如下归一酉映射 $K : \mathcal{X}_a \to \mathcal{X}_a$

$$K \frac{x(z)}{a(z)} = \frac{x^\sim(z)}{za(z)}$$

则可以得到

$$\Gamma_G \frac{x^\sim(z)}{a^\sim(z)} = F(T) S K J \frac{x^\sim(z)}{a^\sim(z)}$$

记算子 T，K 在前述的正交基上的矩阵表示分别为 T_B，K_B。则我们可以得到关于 Hankel 矩阵表达的如下定理。

定理 5.1 [8] 构造多项式 $a(z)$ 对应的 Jury，定义矩阵 A 和 M

如下

$$A = \begin{bmatrix} -k_0k_1 & \alpha_1/\alpha_2 & \cdots & 0 & 0 \\ -k_0k_2\alpha_1/\alpha_2 & -k_1k_2 & \ddots & 0 & 0 \\ \vdots & \vdots & \ddots & \ddots & \vdots \\ -k_0k_{n-1}\alpha_1/\alpha_{n-1} & -k_1k_{n-1}\alpha_2/\alpha_{n-1} & \cdots & -k_{n-2}k_{n-1} & \alpha_{n-1}/\alpha_n \\ -k_0k_n\alpha_1/\alpha_n & -k_1k_n\alpha_2/\alpha_n & \cdots & -k_{n-2}k_n\alpha_{n-1}/\alpha_n & -k_{n-1}k_n \end{bmatrix}$$

$$M = \begin{bmatrix} \alpha_1r_{10} & 0 & \cdots & 0 \\ \alpha_1r_{11} & \alpha_2r_{20} & \ddots & \vdots \\ \vdots & \vdots & \ddots & 0 \\ \alpha_1r_{1(n-1)} & \alpha_2r_{2(n-2)} & \cdots & \alpha_nr_{n0} \end{bmatrix}$$

则有

(1)

$$T_B = A, \quad K_B = M^{-1} \begin{bmatrix} 0 & \cdots & 1 \\ \vdots & \cdot^{\cdot^{\cdot}} & \vdots \\ 1 & \cdots & 0 \end{bmatrix} M \tag{5.9}$$

(2)

$$H_G = a^{\sim}(A)^{-1}b(A)M^{-1} \begin{bmatrix} 0 & \cdots & 1 \\ \vdots & \cdot^{\cdot^{\cdot}} & \vdots \\ 1 & \cdots & 0 \end{bmatrix} M \tag{5.10}$$

$$= r_1^*(A)^{-1}b(A)M^{-1} \begin{bmatrix} 0 & \cdots & 1 \\ \vdots & \cdot^{\cdot^{\cdot}} & \vdots \\ 1 & \cdots & 0 \end{bmatrix} M \tag{5.11}$$

证明 在 5.2.1 节所选的正交基下, 前移算子 S 和反向算子 T 的矩阵表达式都是 $n \times n$ 的单位矩阵 I。对于算子 T, 注意到

$$TzB_n(z) = z^2B_n(z) = \frac{\alpha_{n-1}}{\alpha_n}zB_{n-1}(z) - k_{n-1}zB_n(z)$$

对于 $i = 2, \cdots, n-1$, 我们有

$$zr_i(z) = r_{i-1}(z) - k_{i-1}r_{i-1}^*(z) = r_{i-1}(z) - k_{i-1}\sum_{j=i-1}^{n} k_j r_j(z)$$

$$= (1 - k_{i-1}^2)r_{i-1}(z) - k_{i-1}\sum_{j=i}^{n} k_j r_j(z)$$

$$= \frac{\alpha_i}{\alpha_{i-1}}r_{i-1}(z) - k_{i-1}\sum_{j=i}^{n} k_j r_j(z)$$

因而得到

$$TzB_i(z) = \frac{\alpha_{i-1}}{\alpha_i}zB_{i+1}(z) - \sum_{j=i}^{n} k_{i-1}k_j\frac{\alpha_i}{\alpha_j}zB_j(z)$$

因为

$$TzB_1(z) = P_+(z^2 B_1(z)) = z\left(zB_1(z) - \frac{\alpha_0}{\alpha_1}\right)$$

并且

$$zB_1(z) = \frac{\alpha_0}{\alpha_1} - \sum_{j=1}^{n} k_0 k_j\frac{\alpha_1}{\alpha_j}B_j(z)$$

可以得到

$$TzB_1(z) = -\sum_{j=1}^{n} k_0 k_j\frac{\alpha_1}{\alpha_j}zB_j(z)$$

进而有

$$[\, TzB_1(z) \quad \cdots \quad TzB_n(z) \,] = [\, zB_1(z) \quad \cdots \quad zB_n(z) \,]A$$

也就是说, T 算子的矩阵表达式为 A, 所以 $F(T)$ 的矩阵表达式为 $a^\sim(A)^{-1}b(A)$。注意到

$$[\, B_1(z) \quad \cdots \quad B_n(z) \,] = \left[\, \frac{z^{n-1}}{a(z)} \quad \cdots \quad \frac{1}{a(z)} \,\right]M$$

令

$$\frac{x(z)}{a(z)} = \left[\begin{array}{ccc} \dfrac{z^{n-1}}{a(z)} & \cdots & \dfrac{1}{a(z)} \end{array}\right] \left[\begin{array}{c} x_{n-1} \\ \vdots \\ x_0 \end{array}\right]$$

则有

$$\frac{x^{\sim}(z)}{za(z)} = \left[\begin{array}{ccc} \dfrac{z^{n-1}}{a(z)} & \cdots & \dfrac{1}{a(z)} \end{array}\right] \left[\begin{array}{c} x_0 \\ \vdots \\ x_{n-1} \end{array}\right]$$

算子 K 的矩阵表达式为

$$M^{-1} \left[\begin{array}{ccc} 0 & \cdots & 1 \\ \vdots & \ddots & \vdots \\ 1 & \cdots & 0 \end{array}\right] M$$

综合上述表达式, 最后我们得到了算子 Γ_G 的矩阵表达形式

$$H_G = a^{\sim}(A)^{-1} b(A) M^{-1} \left[\begin{array}{ccc} 0 & \cdots & 1 \\ \vdots & \ddots & \vdots \\ 1 & \cdots & 0 \end{array}\right] M$$

注意到 $a^{\sim}(z) = r_0^*(z) = k_0 a(z) + r_1^*(z)$ 且 $a(A) = 0$, 我们也可以得到

$$H_G = r_1^*(A)^{-1} b(A) M^{-1} \left[\begin{array}{ccc} 0 & \cdots & 1 \\ \vdots & \ddots & \vdots \\ 1 & \cdots & 0 \end{array}\right] M \qquad \square$$

推论 5.1 伴随 Hankel 算子 Γ_G^* 满足

$$\Gamma_G^* = SJ\Gamma_G SJ \tag{5.12}$$

证明 令 $V(z) = \dfrac{zx(z)}{a(z)} \in S\mathcal{X}_a$, 可以得到

$$\Gamma_G^* \frac{zx(z)}{a(z)} = P_- \left[\frac{b(z^{-1})}{a(z^{-1})} \frac{zx(z)}{a(z)} \right] = P_- \left[\frac{b(z^{-1})}{a(z^{-1})} \frac{zx^\sim(z^{-1})}{a^\sim(z^{-1})} \right]$$

$$= P_- \left[\frac{zx_1(z^{-1})}{a(z^{-1})} + \frac{zx_2(z^{-1})}{a^\sim(z^{-1})} \right]$$

$$= \frac{zx_1(z^{-1})}{a(z^{-1})} \in J\mathcal{X}_a$$

因为

$$\Gamma_G \frac{x^\sim(z)}{a^\sim(z)} = P_+ \left[\frac{b(z)}{a(z)} \frac{x^\sim(z)}{a^\sim(z)} \right] = P_+ \left[\frac{x_1(z)}{a(z)} + \frac{x_2(z)}{a^\sim(z)} \right]$$

$$= \frac{x_1(z)}{a(z)} \in S\mathcal{X}_a$$

可以得到

$$\Gamma_G^* \frac{zx(z)}{a(z)} = SJ \frac{x_1(z)}{a(z)} = SJ\Gamma_G \frac{x^\sim(z)}{a^\sim(z)} = SJ\Gamma_G SJ \frac{zx(z)}{a(z)} \qquad \square$$

标注 5.1 推论 5.1 告诉我们, Γ_G^* 的矩阵表达形式也是 H_G。按照定义, Γ_G^* 的矩阵表达形式是 H_G 的转置 H_G^{T}, 因此 H_G 一定是对称矩阵。

类似地, 我们可以得到施密特对的一些对称特性, 这将简化相关的计算量。

推论 5.2 施密特对 $(U_i(z), V_i(z))$ 满足

$$V_i(z) = \pm zU_i(z^{-1}) = \pm SJU_i(z) \tag{5.13}$$

证明 令 H_G 具有如下奇异值分解

$$H = USV^{\mathrm{T}}$$

因为 H_G 是对称阵, 可以得到

$$H^{\mathrm{T}} = VSU^{\mathrm{T}} = H = USV^{\mathrm{T}}$$

从而有 $v_i = \pm u_i$。因此，得

$$V_i(z) = zB(z)v_i = \pm SJB(z^{-1})u_i = \pm SJU_i(z) \qquad \square$$

现在定义一个新的算子 $T^* : J\mathcal{X}_a \to J\mathcal{X}_a$ 如下

$$T^*U(z) = P_- \left[\frac{1}{z}U(z)\right], \quad U(z) \in J\mathcal{X}_a$$

注意到 $J\mathcal{X}_a$ 和 $S\mathcal{X}_a$ 与 $\mathcal{X}_a$ 同构，容易得到

$$T^* = SJTSJ$$

推论 5.3 $(AH_G)^{\mathrm{T}} = AH_G$。

证明   注意到对于任意的 $U(z) \in \mathcal{H}_2^{\perp}$，可以得到

$$(T \cdot \Gamma_G)U(z) = P_+ \left[zP_+(G(z)U(z))\right] = P_+ \left[zG(z)U(z)\right]$$

$$= \Gamma_{z\mathrm{G}}U(z)$$

因而，伴随算子 $(T \cdot \Gamma_G)^*$ 为

$$(T \cdot \Gamma_G)^*V(z) = \Gamma_{zG}^* V(z) = P_- \left[\frac{1}{z}G(z^{-1})V(z)\right]$$

$$= P_- \left[\frac{1}{z}P_-(G(z^{-1})V(z))\right] = P_- \left[\frac{1}{z}\Gamma_G^* V(z)\right]$$

$$= (T^* \cdot \Gamma_G^*)V(z) = SJT\Gamma_{\mathrm{G}}SJV(z)$$

显然在我们选择的正交基下，$(T \cdot \Gamma_G)^*$ 的矩阵表达式也是 AH_G，因而有

$$AH_G = (AH_G)^{\mathrm{T}} = H_G A^{\mathrm{T}} \qquad \square$$

推论 5.4   正交函数 $B_i(z), i = 1, \cdots, n$, 满足如下性质

$$\Gamma_{B_i}B_1(z^{-1}) = \alpha_1 zB_i(z) \qquad (5.14)$$

$$\Gamma_G B_1(z^{-1}) = \alpha_1 zG(z) \qquad (5.15)$$

证明　注意到 $a^\sim(z) = r_0^*(z) = k_0 a(z) + r_1^*(z)$，可得

$$\frac{r_i^*(z)}{a^\sim(z)} = 1 - k_0 \frac{a(z)}{a^\sim(z)}$$

因而有

$$
\begin{aligned}
\Gamma_{B_i} B_1(z^{-1}) &= P_+\left[B_i(z)B_1(z^{-1})\right] = P_+\left[B_i(z)\alpha_1 \frac{zr_i^*(z)}{a^\sim(z)}\right] \\
&= P_+\left[\alpha_1 z B_i(z)(1 - k_0\frac{a(z)}{a^\sim(z)})\right] \\
&= \alpha_1 z B_i(z)
\end{aligned}
$$

如果我们将 $G(z)$ 展开成

$$G(z) = \sum_{i=1}^n \beta_i B_i(z)$$

则可以得到

$$\Gamma_G B_1(z^{-1}) = \sum_{i=1}^n \beta_i \Gamma_{B_i} B_1(z^{-1}) = \alpha_1 z \sum_{i=1}^n \beta_i B_i(z) = \alpha_1 z G(z) \qquad \square$$

5.2.3　矩阵 H_G 的迭代算法

在 5.2.2 节介绍的矩阵 H_G 的算法中，我们需要计算矩阵 M 和 $a^\sim(A)$ 的逆矩阵。因为 M 是下三角形，M^{-1} 很容易求。但 $a^\sim(A)^{-1}$ 的计算则非常困难。在本节，我们将给出计算 H_G 的迭代算法，不再需要计算 $a^\sim(A)^{-1}$ 而是计算 A^{-1}。下面的引理显示计算 A^{-1} 也非常容易。

引理 5.3　对定理 5.1 中的海森伯格矩阵 A, 如果 A 的逆矩阵存在，则 A^{-1} 由下式给出

$$A^{-1} = \begin{bmatrix} 1/k_0^2 & \\ & I_{n-1} \end{bmatrix} A^{\mathrm{T}}. \tag{5.16}$$

证明　由定理 4.5 中的式 (4.29) 可得

$$A^{\mathrm{T}}A = I - C^{\mathrm{T}}C = \begin{bmatrix} 1-\alpha_0^2/\alpha_1^2 & \\ & I_{n-1} \end{bmatrix} = \begin{bmatrix} k_0^2 & \\ & I_{n-1} \end{bmatrix}$$

因此有

$$A^{-1} = \begin{bmatrix} 1/k_0^2 & \\ & I_{n-1} \end{bmatrix} A^{\mathrm{T}} \qquad\qquad \square$$

对于一个稳定系统

$$G(z) = \frac{b(z)}{a(z)} = \frac{b(z)}{z^m a_1(z)}$$
$$= \frac{b_0 z^n + b_1 z^{n-1} + \cdots + b_n}{a_0 z^n + a_1 z^{n-1} + \cdots + a_{n-m} z^m}, \quad a_0 > 0, \quad n \geqslant m \geqslant 0$$

将 $G(z)$ 展开为

$$G(z) = \beta_0 + \beta_1 \frac{r_1(z)}{a(z)} + \cdots + \beta_n \frac{r_n(z)}{a(z)}$$
$$= \beta_0 + \beta_1 \frac{1}{z} + \cdots + \beta_m \frac{1}{z^m} + \beta_{m+1} \frac{r_{m+1}(z)}{a(z)} + \cdots + \beta_n \frac{r_n(z)}{a(z)}$$

由于我们选择了很特殊的一组基函数，系数 β_i 可以很容易地从扩展 Jury 表中获得。在上式的两端同时作用 Hankel 算子，可得

$$\Gamma_{\mathrm{G}} = \beta_1 \Gamma_{r_1(z)/a(z)} + \cdots + \beta_n \Gamma_{r_n(z)/a(z)} \tag{5.17}$$

在我们选择的正交基下，记 $\Gamma_{r_i(z)/a(z)}$ 的矩阵表达式为 $H_{r_i(z)/a(z)}$。则可得如下计算 H_G 的迭代算法。

定理 5.2 构造 $a(z)$ 对应的 Jury 表，定义矩阵 A 和 M 如下

$$A = \begin{bmatrix} -k_0 k_1 & \alpha_1/\alpha_2 & \cdots & 0 & 0 \\ -k_0 k_2 \alpha_1/\alpha_2 & -k_1 k_2 & \ddots & 0 & 0 \\ \vdots & \vdots & \ddots & \ddots & \vdots \\ -k_0 k_{n-1} \alpha_1/\alpha_{n-1} & -k_1 k_{n-1} \alpha_2/\alpha_{n-1} & \cdots & -k_{n-2} k_{n-1} & \alpha_{n-1}/\alpha_n \\ -k_0 k_n \alpha_1/\alpha_n & -k_1 k_n \alpha_2/\alpha_n & \cdots & -k_{n-2} k_n \alpha_{n-1}/\alpha_n & -k_{n-1} k_n \end{bmatrix}$$

$$M = \begin{bmatrix} \alpha_1 r_{10} & 0 & \cdots & 0 \\ \alpha_1 r_{11} & \alpha_2 r_{20} & \ddots & \vdots \\ \vdots & \vdots & \ddots & 0 \\ \alpha_1 r_{1(n-1)} & \alpha_2 r_{2(n-2)} & \cdots & \alpha_n r_{n0} \end{bmatrix}$$

则

$$H_G = \beta_1 H_{r_1(z)/a(z)} + \cdots + \beta_n H_{r_n(z)/a(z)}$$

$$= \sum_{i=1}^{m} \beta_i H_{1/z^i} + \beta_{m+1} H_{r_{m+1}(z)/a(z)} + \cdots + \beta_n H_{r_n(z)/a(z)} \tag{5.18}$$

式中，$H_{1/z^i}(i = 1, \cdots, m)$ 由下式给出

$$H_{1/z^i} = \begin{bmatrix} J_i & 0 \\ 0 & 0 \end{bmatrix}, \quad J_i = \begin{bmatrix} 0 & \cdots & 1 \\ \vdots & \ddots & \vdots \\ 1 & \cdots & 0 \end{bmatrix}_{i \times i} \tag{5.19}$$

而 $H_{r_i(z)/a(z)}(i = m+1, \cdots, n)$ 满足如下迭代关系

$$AH_{r_i(z)/a(z)} = \left(H_{r_{i-1}(z)/a(z)} - k_{i-1} H_{r_{i-1}^*(z)/a(z)} \right)$$

$$H_{r_i^*(z)/a(z)} = H_{r_{i-1}^*(z)/a(z)} - k_{i-1} H_{r_{i-1}(z)/a(z)} \tag{5.20}$$

初始值则为

$$H_{r_m(z)/a(z)} = \begin{cases} 0, & m = 0 \\ H_{1/z^m}, & m \neq 0 \end{cases}$$

$$H_{r_m^*(z)/a(z)} = M^{-1} \begin{bmatrix} 0 & \cdots & 1 \\ \vdots & \ddots & \vdots \\ 1 & \cdots & 0 \end{bmatrix} M \tag{5.21}$$

证明　容易看出式 (5.18) 可由式 (5.17) 直接得到，且

$$H_{1/z^i} = \begin{bmatrix} J_i & 0 \\ 0 & 0 \end{bmatrix}, \quad J_i = \begin{bmatrix} 0 & \cdots & 1 \\ \vdots & \ddots & \vdots \\ 1 & \cdots & 0 \end{bmatrix}_{i \times i}, \quad i = 1, \cdots, m$$

对于 $H_{r_i(z)/a(z)}(i = m+1, \cdots, n)$，从式 (4.19) 可得

$$z \frac{r_i(z)}{a(z)} = \frac{r_{i-1}(z)}{a(z)} - k_{i-1} \frac{r_{i-1}^*(z)}{a(z)}$$

$$\frac{r_i^*(z)}{a(z)} = \frac{r_{i-1}^*(z)}{a(z)} - k_{i-1} \frac{r_{i-1}(z)}{a(z)}$$

将 Hankel 算子作用到上式的两端, 注意到

$$\Gamma_{zr_i(z)/a(z)} = T\Gamma_{r_i(z)/a(z)}$$

式中, 算子 T 由式 (5.8) 定义, 在我们所选择的正交基下, 有

$$AH_{r_i(z)/a(z)} = \left(H_{r_{i-1}(z)/a(z)} - k_{i-1}H_{r_{i-1}^*(z)/a(z)} \right)$$
$$H_{r_i^*(z)/a(z)} = H_{r_{i-1}^*(z)/a(z)} - k_{i-1}H_{r_{i-1}(z)/a(z)}$$

对于任意的 $U(z) = \dfrac{x^\sim(z)}{a^\sim(z)} \in J\mathcal{X}_a$, 我们有

$$\Gamma_{\frac{a(z)}{a(z)}} \frac{x^\sim(z)}{a^\sim(z)} = 0$$
$$\Gamma_{\frac{a^\sim(z)}{a(z)}} \frac{x^\sim(z)}{a^\sim(z)} = \frac{x^\sim(z)}{a(z)}$$

注意到

$$\begin{bmatrix} zB_1(z) & \cdots & zB_n(z) \end{bmatrix} = \begin{bmatrix} \dfrac{z^n}{a(z)} & \cdots & \dfrac{z}{a(z)} \end{bmatrix} M$$

且

$$\begin{bmatrix} B_1(z^{-1}) & \cdots & B_n(z^{-1}) \end{bmatrix} = \begin{bmatrix} \dfrac{z^n}{a^\sim(z)} & \cdots & \dfrac{z}{a^\sim(z)} \end{bmatrix} \begin{bmatrix} 0 & \cdots & 1 \\ \vdots & \ddots & \vdots \\ 1 & \cdots & 0 \end{bmatrix} M$$

可得

$$H_{r_0(z)/a(z)} = H_{a(z)/a(z)} = 0$$
$$H_{r_m^*(z)/a(z)} = H_{r_0^*(z)/a(z)} \tag{5.22}$$
$$= M^{-1} \begin{bmatrix} 0 & \cdots & 1 \\ \vdots & \ddots & \vdots \\ 1 & \cdots & 0 \end{bmatrix} M$$

□

标注 5.2　当 A 不可逆时 $(m \neq 0)$，在式 (5.21) 的两端左乘 A^{T}，可得

$$\begin{bmatrix} 0 & \\ & I_{n-1} \end{bmatrix} H_{r_i(z)/a(z)} = A^{\mathrm{T}} \left(H_{r_{i-1}(z)/a(z)} - k_{i-1} H_{r_{i-1}^*(z)/a(z)} \right)$$

$H_{r_i(z)/a(z)}$ 的第一行可由其对称性得到。

例 5.1　给定

$$G(z) = \frac{b(z)}{a(z)} = \frac{\sqrt{2}z + 1/2}{z^2 + \sqrt{2}z + 1/2}$$

由例 4.9，可得

$$\alpha_0 = 1, \quad \alpha_1 = \frac{3}{4}, \quad \alpha_2 = \frac{1}{12}$$

且

$$k_0 = \frac{1}{2}, \quad k_1 = \frac{2\sqrt{2}}{3}, \quad k_2 = 1$$

因而有

$$A = \begin{bmatrix} -\dfrac{\sqrt{2}}{3} & \dfrac{1}{3} \\ -\dfrac{1}{6} & -\dfrac{2\sqrt{2}}{3} \end{bmatrix}, \quad M = \begin{bmatrix} \sqrt{3} & 0 \\ \sqrt{\dfrac{2}{3}} & \dfrac{1}{\sqrt{12}} \end{bmatrix}$$

所以有

$$\Gamma_G = \begin{bmatrix} 1.8856 & -3.3333 \\ -3.3333 & 3.7712 \end{bmatrix}$$

Γ_G 的奇异值为

$$\sigma_1 = 6.2925, \quad \sigma_2 = 0.6357$$

对应的奇异向量为

$$\begin{bmatrix} u_1 & u_2 \end{bmatrix} = \begin{bmatrix} -0.6033 & 0.7976 \\ 0.7976 & -0.6033 \end{bmatrix}$$

$$\begin{bmatrix} v_1 & v_2 \end{bmatrix} = \begin{bmatrix} -0.6033 & -0.7976 \\ 0.7976 & -0.6033 \end{bmatrix}$$

H_G 对应的施密特对为

$$U_1(z) = \begin{bmatrix} B_1(z^{-1}) & B_2(z^{-1}) \end{bmatrix} u_1$$

$$= \begin{bmatrix} \dfrac{\sqrt{6}/3z^2 + \sqrt{3}/2z}{0.5z^2 + \sqrt{2}z + 1} & \dfrac{\sqrt{3}/6z^2}{0.5z^2 + \sqrt{2}z + 1} \end{bmatrix} \begin{bmatrix} -0.6033 \\ 0.7976 \end{bmatrix}$$

$$= -\dfrac{0.2623z^2 + 0.5225z}{0.5z^2 + \sqrt{2}z + 1}$$

$$V_1(z) = \begin{bmatrix} zB_1(z) & zB_2(z) \end{bmatrix} v_1$$

$$= \begin{bmatrix} \dfrac{\sqrt{3}/2z^2 + \sqrt{6}/3z}{z^2 + \sqrt{2}z + 0.5} & \dfrac{\sqrt{3}/6z}{z^2 + \sqrt{2}z + 0.5} \end{bmatrix} \begin{bmatrix} -0.6033 \\ 0.7976 \end{bmatrix}$$

$$= -\dfrac{0.5225z^2 + 0.2623z}{z^2 + \sqrt{2}z + 0.5}$$

$$U_2(z) = \begin{bmatrix} B_1(z^{-1}) & B_2(z^{-1}) \end{bmatrix} v_2$$

$$= \begin{bmatrix} \dfrac{\sqrt{6}/3z^2 + \sqrt{3}/2z}{0.5z^2 + \sqrt{2}z + 1} & \dfrac{\sqrt{3}/6z^2}{0.5z^2 + \sqrt{2}z + 1} \end{bmatrix} \begin{bmatrix} -0.7976 \\ -0.6033 \end{bmatrix}$$

$$= -\dfrac{0.8253z^2 + 0.6907z}{0.5z^2 + \sqrt{2}z + 1}$$

$$V_2(z) = \begin{bmatrix} zB_1(z) & zB_2(z) \end{bmatrix} u_2$$

$$= \begin{bmatrix} \dfrac{\sqrt{3}/2z^2 + \sqrt{6}/3z}{z^2 + \sqrt{2}z + 0.5} & \dfrac{\sqrt{3}/6z}{z^2 + \sqrt{2}z + 0.5} \end{bmatrix} \begin{bmatrix} 0.7976 \\ 0.6033 \end{bmatrix}$$

$$= \dfrac{0.6907z^2 + 0.8253z}{z^2 + \sqrt{2}z + 0.5}$$

参 考 文 献

[1] Kung S. Optimal Hankel-norm model reductions. multivariable systems. IEEE Trans. Automat. Contr., 1997, 26: 832–852.

[2] Zhou K, Doyle J, Glover K. Robust and Optimal Control. New Jersey: Prentice Hall, 1996.

[3] Chen B, Peng S, Chiou B. IIR Filter design via optimal Hankel-norm approximation. IEE Proceedings G Circuits, Devices and Systems, 1992, 139(5): 586–590.

[4] Trentelman H, Stoorvogel A, Hautus M. Control Theory for Linear Systems. New York: Springer, 2001.

[5] Zhou K, Doyle J. Essentials of Robust Control. New Jersey: Prentice Hall, 1998.

[6] Adamjan V, Arov D, Krein M. Analytical properties of Schmidt pairs for a Hankel operator and the generalized Schur-Tagagi problem. Math. USSR Sbornik, 1971, 15: 31–73.

[7] Fuhrmann P. A Polynomial Approach to Linear Algebra. New York: Springer, 1996.

[8] Zhao X, Qiu L. Orthonormal rational functions via the Jury table and their applications. 42nd IEEE Conference on Decision and Control, 2003, 5: 5265–5270.

第6章　最优与次最优 Nehari 问题

本章将研究最优与次最优 Nehari 问题。首先来回顾一下什么是最优和次最优 Nehari 问题以及这个问题的状态空间的解，然后采用第 5 章中构造的紧 Hankel 矩阵从传递函数的角度给出该问题的解，最后将该方法扩展到 Hankel 范数逼近问题的求解上。

本章预览

6.1　最优 Nehari 问题

Nehari 问题[1] 是一个最小距离问题, 所采用的范数为 $\mathcal{L}_\infty$ 范数, 该问题的具体描述为: 给定一个稳定的严格真有理函数 (系统)$G(z) = \dfrac{b(z)}{a(z)}$, 寻找 $Q(z) \in \mathcal{H}_\infty$ 使得如下距离最小

$$\|G(z^{-1}) - Q(z)\|_\infty$$

Nehari 给出了该问题的如下结果。

定理 6.1(Nehari)　令 $G(z) \in \mathcal{L}_\infty$, 则

$$\inf_{Q(z)\in\mathcal{H}_\infty} \|G(z^{-1}) - Q(z)\|_\infty = \|G(z)\|_H$$

事实上, 该下界可以得到。Adamjan、Arov 和 Krein[2] 在 1971 年给出了一个非常漂亮的结果, 通常称为 AAK 定理。

定理 6.2(AAK)[2]　令 $G(z) \in \mathcal{H}_\infty$, $(U_1(z), V_1(z))$ 为 Hankel 算子 H_G 最大奇异值 σ_1 所对应的施密特对, 则

$$\min_{Q(z)\in\mathcal{H}_\infty} \|G(z^{-1}) - Q(z)\|_\infty = \sigma_1 \tag{6.1}$$

$Q(z)$ 由下式唯一给定

$$Q(z) = G(z^{-1}) - \sigma_1 \frac{V_1(z^{-1})}{U_1(z^{-1})} \tag{6.2}$$

对 Nehari 问题的研究已经非常多了, 如文献 [3]~[5] 以及其中的参考文献给出了很多求解和计算的方法。我们在这里想要指出的是, 采用由 Jury 表构造出的正交函数系和对应的 Hankel 算子及其紧矩阵表达式, 可以比较容易地得到上述定理中需要的施密特对, 而避免对无穷维向量的计算问题。

例 6.1 给定

$$G(z) = \frac{\sqrt{2}z + 1/2}{z^2 + \sqrt{2}z + 1/2}$$

我们希望找到 $Q(z) \in \mathcal{H}_\infty$ 去极小化

$$\|G(z^{-1}) - Q(z)\|_\infty$$

由定理 6.2 和第 5 章的例 5.1, 我们可以得到

$$\min_{Q(z) \in \mathcal{H}_\infty} \|G(z^{-1}) - Q(z)\|_\infty = 6.2925$$

$Q(z)$ 由下式唯一给定

$$
\begin{aligned}
Q(z) &= G(z^{-1}) - \sigma_1 \frac{V_1(z^{-1})}{U_1(z^{-1})} \\
&= \frac{0.5z^2 + \sqrt{2}z}{0.5z^2 + \sqrt{2}z + 1} - 6.2920 \frac{(z^2 + \sqrt{2}z + 0.5)(0.2623z + 0.5225)}{(0.5z^2 + \sqrt{2}z + 1)(0.5225z + 0.2623)} \\
&= -\frac{2.7780z + 1.6440}{0.5225z + 0.2623}
\end{aligned}
$$

6.2 次最优 Nehari 问题的状态空间解

Nehari 定理的核心是 $\|G(z^{-1}) - Q(z)\|_\infty$ 的下界可以得到, 也就是说, 存在 $Q(z) \in \mathcal{H}_\infty$ 使得 $\|G(z)\|_H = \|G(z^{-1}) - Q(z)\|_\infty$。如果我们关心的是寻找 $Q(z) \in \mathcal{H}_\infty$ 使得 $\|G(z^{-1}) - Q(z)\|_\infty \leqslant \gamma$, 其中 $\|G(z)\|_H < \gamma$, 则称 $Q(z)$ 为 $G(z^{-1})$ 的次最优 Nehari 补集。

次最优 Nehari 问题就是去寻找给定 $G(z^{-1})$ 的所有次最优 Nehari 补集, 文献 [6]~[9] 等都对该问题进行了研究, 这些文章中的方法都采用状态空间方法来求解。我们先来回顾一下次最优 Nehari 问题的状态空间解[7]。

令 $(A, B, C, 0)$ 为 $G(z)$ 的一个最小实现

$$G(z) = C(zI - A)^{-1}B$$

求解如下李雅普诺夫方程

$$APA^{\mathrm{T}} + BB^{\mathrm{T}} = P$$

$$A^{\mathrm{T}}QA + C^{\mathrm{T}}C = Q$$

可以得到该系统的可控格拉姆矩阵 P 和可观格拉姆矩阵 Q。令

$$N_1 = \gamma^{-1}[I + B^{\mathrm{T}}(\gamma^2 I - QP)^{-1}QB]^{1/2} \tag{6.3}$$

$$N_2 = [I + C(\gamma^2 I - PQ)^{-1}PC^{\mathrm{T}}]^{1/2}$$

且

$$M = (\gamma^2 I - A^{\mathrm{T}}QAP)^{-1}A^{\mathrm{T}}(\gamma^2 I - QP) \tag{6.4}$$

定义

$$L_{11}(z) = -zN_1^{-1}B^{\mathrm{T}}(I - zM)^{-1}(\gamma^2 I - QP)^{-1}C^{\mathrm{T}}N_2^{-1} \tag{6.5}$$

$$L_{12}(z) = N_1^{-1} - zN_1^{-1}B^{\mathrm{T}}(I - zM)^{-1}(\gamma^2 I - A^{\mathrm{T}}QAP)^{-1}A^{\mathrm{T}}QB$$

$$L_{21}(z) = CP(I - zM)^{-1}(\gamma^2 I - QP)^{-1}C^{\mathrm{T}}N_2^{-1} - N_2$$

$$L_{22}(z) = CP(I - zM)^{-1}(\gamma^2 I - A^{\mathrm{T}}QAP)^{-1}A^{\mathrm{T}}QB$$

则次最优 Nehari 问题的完全解集由如下定理给出。

定理 6.3 [9] 令 $G(z) = \dfrac{b(z)}{a(z)} \in \mathcal{H}_\infty$ 且为严格真有理函数，$\|G(z)\|_H < \gamma$，最小实现为

$$G(z) = C(zI - A)^{-1}B$$

令 $L_{ij}(z)$ 由式 (6.3)～式 (6.5) 给出。则满足 $\|G(z^{-1}) - Q(z)\|_\infty \leqslant \gamma$ 的 $Q(z)$ 的解集由下式给出

$$Q(z) = L_{22}(z) + L_{21}(z)R(z)(I - L_{11}(z)R(z))^{-1}L_{12}(z) \tag{6.6}$$

式中，$R(z) \in \mathcal{H}_\infty$；$\|R(z)\|_\infty \leqslant 1$。

6.3 用 H_G 来求解次最优 Nehari 问题

注意到 6.2 节中次最优 Nehari 问题的状态空间解是一个很复杂的过程, 首先需要寻找 $G(z)$ 的一个最小实现, 然后需要求解李雅普诺夫方程, 而且需要用到多项式的求逆, 这是非常复杂困难的。本节我们将采用第 5 章中的正交基和 Hankel 算子的紧矩阵表达 H_G 来给出相对简单的最优 Nehari 问题解。

给定 $F(z)$, 定义其熵为

$$\mathcal{I}[F(z)] = -\frac{\gamma^2}{2\pi} \int_{-\pi}^{\pi} \ln[1 - \gamma^{-2}F(e^{-j\omega})F(e^{j\omega})]d\omega$$

定理 6.4 令 $G(z) = \dfrac{b(z)}{a(z)} \in \mathcal{H}_\infty$ 为严格真有理函数且 $\|G(z)\|_H < \gamma$。将 $G(z)$ 按照正交基展开为 $G(z) = B(z)\beta$, 令

$$\alpha = \sqrt{1 + \beta'(\gamma^2 I - H_G^2)^{-1}\beta} \tag{6.7}$$

$$X(z) = \gamma B(z)(\gamma^2 I - H_G^2)^{-1}\beta/\alpha \tag{6.8}$$

$$Y(z) = [1 + zB(z)H_G(\gamma^2 I - H_G^2)^{-1}\beta]/\alpha \tag{6.9}$$

(1) 定义

$$
\begin{aligned}
V(z) &= \begin{bmatrix} V_{11}(z) & V_{12}(z) \\ V_{21}(z) & V_{22}(z) \end{bmatrix} \\
&= \begin{bmatrix} Y(z^{-1}) - \dfrac{1}{\gamma}G(z^{-1})X(z) & X(z^{-1}) - \dfrac{1}{\gamma}G(z^{-1})Y(z) \\ X(z) & Y(z) \end{bmatrix}
\end{aligned}
\tag{6.10}
$$

则满足 $\|G(z^{-1}) - Q(z)\|_\infty \leqslant \gamma$ 的 $Q(z)$ 的解集由下式给出

$$\{Q(z) = -\gamma\mathcal{L}[V(z), R(z)] : R(z) \in \mathcal{H}_\infty, \|R(z)\|_\infty \leqslant 1\} \tag{6.11}$$

式中

$$\mathcal{L}[V(z), R(z)] = \frac{V_{11}(z)R(z) + V_{12}(z)}{V_{21}(z)R(z) + V_{22}(z)}$$

(2) 定义

$$P(z) = \begin{bmatrix} P_{11}(z) & P_{12}(z) \\ P_{21}(z) & P_{22}(z) \end{bmatrix}$$

$$= \frac{1}{Y(z)} \begin{bmatrix} X(z^{-1}) - \dfrac{1}{\gamma}G(z^{-1})Y(z) & 1 \\ 1 & -X(z) \end{bmatrix} \tag{6.12}$$

则满足 $\|G(z^{-1}) - Q(z)\|_\infty \leqslant \gamma$ 的 $Q(z)$ 的解集由下式给出

$$\{Q(z) = -\gamma\mathcal{F}[P(z), R(z)], R(z) \in \mathcal{H}_\infty, \|R(z)\|_\infty \leqslant 1\} \tag{6.13}$$

式中

$$\mathcal{F}[P(z), R(z)] = P_{11}(z) + P_{12}(z)R(z)(I - P_{22}(z)R(z))^{-1}P_{21}(z)$$

(3) 令 $R(z) = 0$, 则满足 $\|G(z^{-1}) - Q(z)\|_\infty \leqslant \gamma$ 且最小化 $\mathcal{I}[G(z^{-1}) - Q(z)]$ 的 $Q(z)$ 由下式唯一给出

$$Q(z) = -\gamma V_{12}(z)V_{22}^{-1}(z) = -\gamma P_{11}(z)$$

且

$$G(z^{-1}) - Q(z) = \gamma\frac{X(z^{-1})}{Y(z)}$$

证明　我们首先证明 $V(z)$ 满足如下 J-谱分解方程

$$M(z)JM^\sim(z) = V(z)JV^\sim(z), \quad V(z), V^{-1}(z) \in \mathcal{H}_\infty \tag{6.14}$$

式中

$$M(z) = \begin{bmatrix} 1 & -\dfrac{1}{\gamma}G(z^{-1}) \\ 0 & 1 \end{bmatrix}$$

$$J = \begin{bmatrix} 1 & 0 \\ 0 & -1 \end{bmatrix}$$

$$M^\sim(z) = M^{\mathrm{T}}(z^{-1}) = \begin{bmatrix} 1 & 0 \\ -\dfrac{1}{\gamma}G(z) & 1 \end{bmatrix}$$

显然有 $V_{21}(z), V_{22}(z) \in \mathcal{H}_\infty$，注意到

$$\alpha P_+ V_{11}(z^{-1}) = \alpha Y(z) - \frac{\alpha}{\gamma}\Gamma_G X(z^{-1})$$
$$= 1 + zB(z)H_G(\gamma^2 I - H_G^2)^{-1}\beta - zB(z)H_G(\gamma^2 I - H_G^2)^{-1}\beta$$
$$= 1$$
$$\alpha P_- V_{12}(z) = \gamma B(z^{-1})(\gamma^2 I - H_G^2)^{-1}\beta - \frac{1}{\gamma}B(z^{-1})$$
$$[\beta - H_G^2(\gamma^2 I - H_G^2)^{-1}\beta]$$
$$= \frac{1}{\gamma}B(z^{-1})[(\gamma^2 I - H_G^2)(\gamma^2 I - H_G^2)^{-1}\beta - \beta]$$
$$= 0$$

因而可得 $V_{11}(z), V_{12}(z) \in \mathcal{H}_\infty$。所以，$V(z) \in \mathcal{H}_\infty$。

令 $D(z) = \det V(z)$，可以得到

$$D(z) = V_{11}(z)V_{22}(z) - V_{12}(z)V_{21}(z)$$
$$= Y(z)Y(z^{-1}) - X(z)X(z^{-1})$$
$$= D(z^{-1})$$

因为 $D(z) \in \mathcal{H}_\infty$ 且 $D(z) = D(z^{-1})$，因为 $D(z)$ 必定为一个常数。因此，可得

$$D(z) = \frac{1}{2\pi}\int_{-\pi}^{\pi} D(e^{jw})dw = \frac{1}{2\pi}\int_{-\pi}^{\pi}\left[Y(e^{jw})Y(e^{-jw}) - X(e^{jw})X(e^{-jw})\right]dw$$
$$= \frac{1}{\alpha^2}\{1 + 2[\ 1/\alpha_1 \quad 0 \quad \cdots \quad 0\ ]H_G(\gamma^2 I - H_G^2)^{-1}\beta$$

$$+\beta'(\gamma^2 I - H_G^2)^{-1}H_G^2(\gamma^2 I - H_G^2)^{-1}\beta - \gamma^2\beta'(\gamma^2 I - H_G^2)^{-2}\beta\}$$

$$=\frac{1}{\alpha^2}\{1 + ([\ 2/\alpha_1\quad 0\quad \cdots\quad 0\ ]H_G - \beta')(\gamma^2 I - H_G^2)^{-1}\beta\}$$

$$=\frac{1}{\alpha^2}[1 + \beta'(\gamma^2 I - H_G^2)^{-1}\beta] = 1$$

这里，我们用到如下事实，即 $[\ 1/\alpha_1\quad 0\quad \cdots\quad 0\ ]H_G = \beta'$，这一点可以由第 5 章的推论 5.4 得到，这里不再详细推导。因而进一步可得

$$V^{-1}(z) = \frac{1}{\det V(z)}\begin{bmatrix} V_{22}(z) & -V_{12}(z) \\ -V_{21}(z) & V_{11}(z) \end{bmatrix} \in \mathcal{H}_\infty$$

则容易证明

$$V(z)JV^\sim(z)$$

$$=[Y(z)Y(z^{-1}) - X(z)X(z^{-1})]\begin{bmatrix} 1 - -\dfrac{1}{\gamma^2}G(z)G(z^{-1}) & \dfrac{1}{\gamma}G(z^{-1}) \\ \dfrac{1}{\gamma}G(z) & -1 \end{bmatrix}$$

$$=M(z)JM^\sim(z)$$

因而，$V(z)$ 满足上述 J-谱分解方程。由文献 [10] 中的定理 2，满足 $\|G(z^{-1}) - Q(z)\|_\infty \leqslant \gamma$ 的 $Q(z)$ 的所有解集为

$$\{Q(z) = -\gamma\mathcal{L}[V(z), R(z)] : R(z) \in \mathcal{H}_\infty, \|R(z)\|_\infty \leqslant 1\}$$

式中

$$\mathcal{L}[V(z), R(z)] = \frac{V_{11}(z)R(z) + V_{12}(z)}{V_{21}(z)R(z) + V_{22}(z)}$$

由文献 [6] 中的引理 8.1，可知 $Y^{-1}(z) \in \mathcal{H}_\infty$ 且 $P(z) \in \mathcal{H}_\infty$。因此，容易得到

$$\begin{bmatrix} P_{11}(z) - \dfrac{1}{\gamma}G(z^{-1}) & P_{12}(z) \\ P_{21}(z) & P_{22}(z) \end{bmatrix} \cdot \begin{bmatrix} P_{11}(z) - \dfrac{1}{\gamma}G(z^{-1}) & P_{12}(z) \\ P_{21}(z) & P_{22}(z) \end{bmatrix}^\sim$$

$$= \frac{X(z)X(z^{-1})+1}{Y(z)Y(z^{-1})} \begin{bmatrix} 1 & 0 \\ 0 & 1 \end{bmatrix} = I$$

因而

$$\begin{bmatrix} P_{11}(z) - \dfrac{1}{\gamma}G(z^{-1}) & P_{12}(z) \\ P_{21}(z) & P_{22}(z) \end{bmatrix}$$

为单位阵。由文献 [10] 中的定理 3, 满足 $\|G(z^{-1}) - Q(z)\|_\infty \leqslant \gamma$ 的 $Q(z)$ 的解集为

$$\{Q(z) = -\gamma\mathcal{F}[P(z), R(z)], R(z) \in \mathcal{H}_\infty, \|R(z)\|_\infty \leqslant 1\}$$

式中

$$\mathcal{F}[P(z), R(z)] = P_{11}(z) + P_{12}(z)R(z)(I - P_{22}(z)R(z))^{-1}P_{21}(z)$$

因为 $V_{21}(z)$ 和 $P_{22}(z)$ 为严格真有理, 由文献 [11] 中的定理 2.3, 极小化 $\mathcal{I}[G(z^{-1}) - Q(z)]$ 的唯一 $R(z)$ 为 $R(z) = 0$ 。因而有

$$Q(z) = -\gamma V_{12}(z)V_{22}^{-1}(z) = -\gamma P_{11}(z)$$

且

$$G(z^{-1}) - Q(z) = \gamma\frac{X(z^{-1})}{Y(z)} \qquad\qquad \square$$

例 6.2 给定

$$G(z) = \frac{b(z)}{a(z)} = \frac{\sqrt{2}z + 0.5}{z^2 + \sqrt{2}z + 0.5}$$

令 $Q(z) \in \mathcal{H}_\infty$, 希望寻找所有满足 $\|G(z^{-1}) - Q(z)\|_\infty \leqslant \gamma$ 的 $Q(z)$, 其中 $\gamma = 8$。

由第 5 章例 5.1, 可以得到

$$B_1(z) = \frac{\sqrt{3}/2z + \sqrt{6}/3z}{z^2 + \sqrt{2} + 0.5}$$

$$B_2(z) = \frac{\sqrt{3}/6}{z^2 + \sqrt{2} + 0.5}$$

$$H_G = \begin{bmatrix} 1.8856 & -3.3333 \\ -3.3333 & 3.7712 \end{bmatrix}$$

$$\beta = \begin{bmatrix} \dfrac{2\sqrt{6}}{3} & \dfrac{-5\sqrt{3}}{3} \end{bmatrix}'$$

因而有

$$X(z) = \frac{0.43z + 0.2}{z^2 + \sqrt{2}z + 0.5}$$

$$Y(z) = \frac{1.2z^2 + 1.37z + 0.42}{z^2 + \sqrt{2}z + 0.5}$$

且

$$V(z) = \begin{bmatrix} \dfrac{0.83z^2 + 1.50z + 0.60}{z^2 + \sqrt{2}z + 0.5} & \dfrac{0.24z^2 + 0.14z}{z^2 + \sqrt{2}z + 0.5} \\[4mm] \dfrac{0.43z + 0.20}{z^2 + \sqrt{2}z + 0.5} & \dfrac{1.20z^2 + 1.37z + 0.42}{z^2 + \sqrt{2}z + 0.5} \end{bmatrix}$$

$$P(z) = \begin{bmatrix} \dfrac{0.24z^2 + 0.14z}{1.20z^2 + 1.37z + 0.42} & \dfrac{z^2 + \sqrt{2}z + 0.5}{1.20z^2 + 1.37z + 0.42} \\[4mm] \dfrac{z^2 + \sqrt{2}z + 0.5}{1.20z^2 + 1.37z + 0.42} & -\dfrac{0.43z + 0.20}{1.20z^2 + 1.37z + 0.42} \end{bmatrix}$$

令 $R(z) = 0$, 则满足 $\|G(z^{-1}) - Q(z)\|_\infty \leqslant 8$ 且最小化 $\mathcal{I}[G(z^{-1}) - Q(z)]$ 的唯一 $Q(z)$ 由下式给出

$$Q(z) = -8\frac{0.24z^2 + 0.14z}{1.20z^2 + 1.37z + 0.42}$$

标注 6.1　注意到当 $\gamma = \sigma_1$ 时, $\gamma^2 I - H_G^2$ 为奇异, 它的逆不存在。因而不可能通过在次最优解中令 $\gamma \to \sigma_1$ 而得到最优解。这也是最优与次最优 Nehari 问题的解为何看上去如此不同的原因。这一间隙与矛盾也

存在于该问题的状态空间解中，成为如此漂亮结果中的一丝瑕疵。我们在接下来将给出另外一种求解方法，该方法将给出最优与次最优 Nehari 问题的统一解表达形式。

定理 6.5 令 $G(z) = \dfrac{b(z)}{a(z)} \in \mathcal{H}_\infty$ 为严格真有理函数且 $\|G(z)\|_H \leqslant \gamma$。将 $G(z)$ 按照正交基展开为 $G(z) = B(z)\beta$，令

$$\alpha = \sqrt{1 - \beta'(\gamma^2 I - (AH_G)^2)^{-1}\beta} \tag{6.15}$$

$$X(z) = \gamma B(z)(\gamma^2 I - (AH_G)^2)^{-1}\beta \tag{6.16}$$

$$Y(z) = 1 + B(z)AH_G(\gamma^2 I - (AH_G)^2)^{-1}\beta \tag{6.17}$$

式中，A, H_G 的定义见第 5 章定理 5.1。定义

$$
\begin{aligned}
P(z) &= \begin{bmatrix} P_{11}(z) & P_{12}(z) \\ P_{21}(z) & P_{22}(z) \end{bmatrix} \\
&= \frac{1}{Y(z)} \begin{bmatrix} X(z^{-1}) - \gamma^{-1}G(z^{-1})Y(z) & \alpha \\ \alpha & -X(z) \end{bmatrix}
\end{aligned} \tag{6.18}
$$

则满足 $\|G(z^{-1}) - Q(z)\|_\infty \leqslant \gamma$ 的所有 $Q(z)$ 的解集为

$$\{Q(z) = -\gamma \mathcal{F}[P(z), R(z)], R(z) \in \mathcal{H}_\infty, \|R(z)\|_\infty \leqslant 1\}$$

证明 令 $V_1(z) = Y(z^{-1}) - \dfrac{1}{\gamma}G(z^{-1})X(z)$，$V_2(z) = X(z^{-1}) - \dfrac{1}{\gamma}G(z^{-1})Y(z)$。显然有 $X(z), Y(z) \in \mathcal{H}_\infty$，注意到

$$
\begin{aligned}
P_+V_1(z^{-1}) &= Y(z) - \frac{1}{\gamma}\Gamma_G X(z^{-1}) \\
&= 1 + B(z)AH_G(\gamma^2 I - (AH_G)^2)^{-1}\beta \\
&\quad - zB(z)H_G(\gamma^2 I - (AH_G)^2)^{-1}\beta \\
&= 1 + B(z)AH_G(\gamma^2 I - (AH_G)^2)^{-1}\beta
\end{aligned}
$$

$$-B(z)AH_G(\gamma^2 I - (AH_G)^2)^{-1}\beta + c_1$$

$$= 1 - c_1$$

$$P_+V_2(z^{-1}) = X(z) - \frac{1}{\gamma}\Gamma_G Y(z^{-1})$$

$$= \gamma B(z)(\gamma^2 I - (AH_G)^2)^{-1}\beta - \frac{1}{\gamma}B(z)\beta$$

$$-\frac{1}{\gamma}zB(z)H_G AH_G(\gamma^2 I - (AH_G)^2)^{-1}\beta$$

$$= \frac{1}{\gamma}B(z)[\gamma^2(\gamma^2 I - (AH_G)^2)^{-1}\beta - \beta$$

$$-(AH_G)^2(\gamma^2 I - (AH_G)^2)^{-1}\beta] + c_2$$

$$= c_2$$

式中, c_1, c_2 为某常数。因此, 有 $V_1(z)$, $V_2(z) \in \mathcal{H}_\infty$。

令 $D(z) = Y(z)V_1(z) - X(z)V_2(z)$, 可得

$$D(z) = Y(z)Y(z^{-1}) - X(z)X(z^{-1}) = D(z^{-1})$$

因为 $D(z) \in \mathcal{H}_\infty$ 且 $D(z) = D(z^{-1})$, $D(z)$ 必为一常数。因而有

$$D(z) = \frac{1}{2\pi}\int_{-\pi}^{\pi} D(e^{jw})dw$$

$$= \frac{1}{2\pi}\int_{-\pi}^{\pi} Y(e^{jw})Y(e^{-jw}) - X(e^{jw})X(e^{-jw})dw$$

$$= 1 + \beta'(\gamma^2 I - (AH_G)^2)^{-1}H_G'A'AH_G(\gamma^2 I - (AH_G)^2)^{-1}\beta$$

$$-\gamma^2\beta'(\gamma^2 I - (AH_G)^2)^{-2}\beta$$

$$= 1 - \beta'(\gamma^2 I - (AH_G)^2)^{-1}\beta = \alpha^2$$

这里我们用到了 $H_G'A' = AH_G$ 这一属性。由文献 [6] 中的引理 8.1, 我们知道 $Y^{-1}(z) \in \mathcal{H}_\infty$ 且 $P(z) \in \mathcal{H}_\infty$。因而容易得到

$$\begin{bmatrix} P_{11}(z) - \dfrac{1}{\gamma}G(z^{-1}) & P_{12}(z) \\ P_{21}(z) & P_{22}(z) \end{bmatrix} \cdot \begin{bmatrix} P_{11}(z) - \dfrac{1}{\gamma}G(z^{-1}) & P_{12}(z) \\ P_{21}(z) & P_{22}(z) \end{bmatrix}^{\sim}$$

$$= \frac{X(z)X(z^{-1}) + \alpha^2}{Y(z)Y(z^{-1})} \begin{bmatrix} 1 & 0 \\ 0 & 1 \end{bmatrix} = I$$

因此, 矩阵

$$\begin{bmatrix} P_{11}(z) - \dfrac{1}{\gamma}G(z^{-1}) & P_{12}(z) \\ P_{21}(z) & P_{22}(z) \end{bmatrix}$$

为单位阵。由文献 [10] 中的定理 3 得，满足 $\|G(z^{-1}) - Q(z)\|_\infty \leqslant \gamma$ 的所有 $Q(z)$ 的解集为

$$\{Q(z) = -\gamma\mathcal{F}[P(z), R(z)], R(z) \in \mathcal{H}_\infty, \|R(z)\|_\infty \leqslant 1\} \qquad \square$$

例 6.3   考虑例 6.2 中的同一系统

$$G(z) = \frac{b(z)}{a(z)} = \frac{\sqrt{2}z + 0.5}{z^2 + \sqrt{2}z + 0.5}$$

令 $Q(z) \in \mathcal{H}_\infty$，我们希望找到所有满足 $\|G(z^{-1}) - Q(z)\|_\infty \leqslant \gamma$ 的 $Q(z)$，其中 $\gamma = 8$, $\gamma = 6.2925 = \sigma_1$。

由例 6.2 和定理 6.5，对于 $\gamma = 8$, 可以得到 $\alpha = 0.83$ 且

$$X(z) = 0.83 \frac{0.43z + 0.2}{z^2 + \sqrt{2}z + 0.5}$$

$$Y(z) = 0.83 \frac{1.2z^2 + 1.37z + 0.42}{z^2 + \sqrt{2}z + 0.5}$$

因而

$$P(z) = \begin{bmatrix} \dfrac{0.24z^2 + 0.14z}{1.20z^2 + 1.37z + 0.42} & \dfrac{z^2 + \sqrt{2}z + 0.5}{1.20z^2 + 1.37z + 0.42} \\ \dfrac{z^2 + \sqrt{2}z + 0.5}{1.20z^2 + 1.37z + 0.42} & -\dfrac{0.43z + 0.20}{1.20z^2 + 1.37z + 0.42} \end{bmatrix}$$

注意到 $P(z)$ 和例 6.2 中的结果完全一致。

对于 $\gamma = 6.2925 = \sigma_1$, 可以得到 $\alpha = 0$ 且

$$X(z) = \frac{z + 0.5}{z^2 + \sqrt{2}z + 0.5} = -2U_1(z^{-1})$$

$$Y(z) = \frac{z^2 + 0.5z}{z^2 + \sqrt{2}z + 0.5} = -2V_1(z)$$

式中, $U_1(z)$, $V_1(z)$ 为对应于 σ_1 的施密特对。因而有

$$P(z) = \begin{bmatrix} \dfrac{0.84z + 0.5}{z^2 + 0.5z} & 0 \\[3mm] 0 & -\dfrac{0.43z + 0.2}{z^2 + 0.5z} \end{bmatrix}$$

且

$$Q(z) = -\sigma_1 P_{11}(z) = G(z^{-1}) - \sigma_1 \frac{X(z^{-1})}{Y(z)}$$

所以可得

$$\|G(z^{-1}) - Q(z)\|_\infty = \sigma_1 \left\| \frac{X(z^{-1})}{Y(z)} \right\|_\infty = \sigma_1$$

Q 就是最优 Nehari 问题的唯一解。

6.4　两块 Nehari 问题的中心解

在本节, 我们将以上结论推广到两块 Nehari 问题: 给定稳定的严格真有理函数

$$G(z) = \begin{bmatrix} G_1(z) & G_2(z) \end{bmatrix} = \begin{bmatrix} -\dfrac{b(z)}{d(z)} & \dfrac{a(z)}{d(z)} \end{bmatrix}$$

令 $Q(z) \in \mathcal{H}_\infty$, 我们将寻找满足 $\|G^\sim(z) - Q(z)\|_\infty \leqslant \gamma$ 且极小化 $\mathcal{I}[G^\sim(z) - Q(z)]$ 的所有 $Q(z)$ 的中心解, 其中 $\gamma > \|G(z)\|_H$。

记以 $d(z)$ 为分母的所有严格真有理函数子空间为 $\mathcal{X}_d$, 由 $d(z)$ 所派生的 $\mathcal{X}_d$ 的正交基为 $E(z)$, 由 $G_1(z)$ 和 $G_2(z)$ 所派生的 Hankel 算子对应的压缩 Hankel 矩阵为 H_{G1}, H_{G2}。

考虑如下 J- 谱分解问题

$$M(z)JM^{\sim}(z) = V(z)JV^{\sim}(z), \quad V(z), V^{-1}(z) \in \mathcal{H}_{\infty} \qquad (6.19)$$

式中

$$M(z) = \begin{bmatrix} I & -\gamma^{-1}G^{\sim}(z) \\ 0 & I \end{bmatrix}$$

$$J = \begin{bmatrix} I & 0 \\ 0 & -I \end{bmatrix}$$

$$M^{\sim}(z) = M^{\mathrm{T}}(z^{-1}) = \begin{bmatrix} I & 0 \\ -\gamma^{-1}G(z) & I \end{bmatrix}$$

令

$$V(z) = \begin{bmatrix} K_{11}(z) & K_{12}(z) \\ K_{21}(z) & K_{22}(z) \end{bmatrix}$$

$$V^{-1}(z) = \begin{bmatrix} H_{11}(z) & H_{12}(z) \\ H_{21}(z) & H_{22}(z) \end{bmatrix}$$

定义

$$L(z) = V^{-1}(z)M(z) = \begin{bmatrix} F_{11}(z) & F_{12}(z) \\ F_{21}(z) & F_{22}(z) \end{bmatrix}$$

可以容易地得到如下性质。

性质 6.1 [8] $L(z)$ 满足

$$L(z)JL^{\sim}(z) = J$$

$$F_{11}(z), F_{21}(z), F_{12}^{\sim}(z), F_{22}^{\sim}(z) \in \mathcal{H}_{\infty}$$

且

$$L^{-1}(z) = JL^{\sim}(z)J$$

$$V(z) = M(z)JL^{\sim}(z)J$$

尤其有如下方程成立:

$$H_{22}^{\sim}(z) = \gamma^{-1}G(z)F_{21}^{\sim}(z) + F_{22}^{\sim}(z) \tag{6.20}$$

$$K_{12}(z) = -F_{21}^{\sim}(z) - \gamma^{-1}G^{\sim}(z)F_{22}^{\sim}(z) \tag{6.21}$$

现在来求解两块 Nehari 问题。已知如果 $V(z)$ 满足上述 J-谱分解方程且 $K_{21}(\infty) = 0$,则两块 Nehari 问题的中心解为

$$Q(z) = -\gamma K_{12}(z)K_{22}(z)^{-1}$$

因此,关键问题是如何求解上述 J-谱分解问题。我们将采用 Hankel 算子及其矩阵表达式 H_{G1}, H_{G2} 来求解该问题。

定理 6.6　令 $G(z) = \begin{bmatrix} G_1(z) & G_2(z) \end{bmatrix}$ 为严格真有理函数且 $\|G(z)\|_H < \gamma$。将 $G_i(z)$ 按照前述正交基展开为 $G_i(z) = E(z)\beta_i$。令

$$\beta = \begin{bmatrix} \beta_1 \\ \beta_2 \end{bmatrix}$$

$$H_G = \begin{bmatrix} H_{G1} \\ H_{G2} \end{bmatrix}$$

和

$$\begin{bmatrix} x_1 \\ x_2 \end{bmatrix} = -\gamma(\gamma^2 I - H_G A^{\mathrm{T}} A H_G^{\mathrm{T}})^{-1}\beta$$

定义

$$V_{33}(z) = 1 + E(z)(\gamma^2 I - H_G^{\mathrm{T}} A^{\mathrm{T}} A H_G)^{-1} A H_G^{\mathrm{T}}\beta \tag{6.22}$$

$$V_{13}(z) = -E(z^{-1})x_1 - \gamma^{-1}G_1(z^{-1})V_{33}(z) \tag{6.23}$$

$$V_{23}(z) = -E(z^{-1})x_2 - \gamma^{-1}G_2(z^{-1})V_{33}(z) \tag{6.24}$$

式中,A 如第 5 章定理 5.1 中所定义。令 $Q(z) \in \mathcal{H}_\infty$,则满足 $\|G^{\sim}(z) - Q(z)\|_\infty \leqslant \gamma$ 且极小化 $\mathcal{I}[G^{\sim}(z) - Q(z)]$ 的所有 $Q(z)$ 的中心解为

$$Q(z) = \begin{bmatrix} Q_1(z) \\ Q_2(z) \end{bmatrix} = \begin{bmatrix} V_{13}(z)V_{33}(z)^{-1} \\ V_{23}(z)V_{33}(z)^{-1} \end{bmatrix} \tag{6.25}$$

证明 将 $V(z), L(z)$ 重新改写为

$$V(z) = \begin{bmatrix} V_{11}(z) & V_{12}(z) & V_{13}(z) \\ V_{21}(z) & V_{22}(z) & V_{23}(z) \\ V_{31}(z) & V_{32}(z) & V_{33}(z) \end{bmatrix}$$

$$L(z) = \begin{bmatrix} L_{11}(z) & L_{12}(z) & L_{13}(z) \\ L_{21}(z) & L_{22}(z) & L_{23}(z) \\ L_{31}(z) & L_{32}(z) & L_{33}(z) \end{bmatrix}$$

则方程式 (6.20) 和式 (6.21) 变为

$$H_{22}^{\sim}(z) = \gamma^{-1}[\ G_1(z)\ \ G_2(z)\ ]\begin{bmatrix} L_{31}^{\sim}(z) \\ L_{32}^{\sim}(z) \end{bmatrix} + L_{33}^{\sim}(z) \tag{6.26}$$

$$\begin{bmatrix} V_{13}(z) \\ V_{23}(z) \end{bmatrix} = -\begin{bmatrix} L_{31}^{\sim}(z) \\ L_{32}^{\sim}(z) \end{bmatrix} - \gamma^{-1}\begin{bmatrix} G_1^{\sim}(z) \\ G_2^{\sim}(z) \end{bmatrix} L_{33}^{\sim}(z) \tag{6.27}$$

由 $M(z) = V(z)L(z)$ 且 $V_{31}(\infty) = 0, V_{32}(\infty) = 0$, 可以得到

$$L_{31}(\infty) = 0, \quad L_{32}(\infty) = 0, \quad L_{33}(\infty) = 1/V_{33}(\infty)$$

注意到 $L_{31}(z), L_{32}(z), L_{33}^{\sim}(z) \in \mathcal{RH}_\infty$, 有

$$L_{31}(z) = E(z)x_1 \in \mathcal{X}_d$$

$$L_{32}(z) = E(z)x_2 \in \mathcal{X}_d$$

和

$$L_{33}(z) = L_{33}(0) + Y(z)$$

$$Y(z) = E(z^{-1})y \in J\mathcal{X}_d$$

在方程式 (6.26) 两端作用正交投影算子 P_+，可以得到

$$H_{22}(\infty) = P_+[\gamma^{-1}G_1(z)L_{31}^{\sim}(z)] + P_+[\gamma^{-1}G_2(z)L_{32}^{\sim}(z)]) + P_+L_{33}^{\sim}(z) \quad (6.28)$$

即

$$\gamma^{-1}A\begin{bmatrix} H_{G1} & H_{G2} \end{bmatrix}\begin{bmatrix} x_1 \\ x_2 \end{bmatrix} + y = 0 \quad (6.29)$$

由方程式 (6.27) 可得

$$\begin{bmatrix} V_{13}^{\sim}(z) \\ V_{23}^{\sim}(z) \end{bmatrix} = -\begin{bmatrix} L_{31}(z) \\ L_{32}(z) \end{bmatrix} - \gamma^{-1}\begin{bmatrix} G_1(z) \\ G_2(z) \end{bmatrix}L_{33}(z) \quad (6.30)$$

对方程式 (6.30) 两端作用正交投影算子 P_+，可得

$$\begin{bmatrix} V_{13}(\infty) \\ V_{23}(\infty) \end{bmatrix} = -\begin{bmatrix} L_{31}(z) \\ L_{32}(z) \end{bmatrix} - \gamma^{-1}\begin{bmatrix} P_+[G_1(z)L_{33}] \\ P_+[G_2(z)L_{33}] \end{bmatrix} \quad (6.31)$$

或

$$\begin{bmatrix} x_1 \\ x_2 \end{bmatrix} + \gamma^{-1}A\begin{bmatrix} H_{G1} \\ H_{G2} \end{bmatrix}y = -\gamma^{-1}\begin{bmatrix} \beta_1 \\ \beta_2 \end{bmatrix}L_{33}(0) \quad (6.32)$$

求解方程式 (6.29) 和式 (6.31)，可得

$$\begin{bmatrix} x_1 \\ x_2 \end{bmatrix} = -\gamma(\gamma^2 I - H_G A^{\mathrm{T}} A H_G^{\mathrm{T}})^{-1}\beta L_{33}(0) \quad (6.33)$$

$$y = (\gamma^2 I - H_G^{\mathrm{T}} A^{\mathrm{T}} A H_G)^{-1}A H_G^{\mathrm{T}}\beta L_{33}(0) \quad (6.34)$$

由 $V(z) = M(z)JL^{\sim}(z)J$，有

$$V_{13}(z) = -L_{31}^{\sim}(z) - G_1^{\sim}(z)L_{33}^{\sim}(z) \quad (6.35)$$

$$V_{23}(z) = -L_{32}^{\sim}(z) - G_2^{\sim}(z)L_{33}^{\sim}(z) \quad (6.36)$$

$$V_{33}(z) = L_{33}^{\sim}(z) \quad (6.37)$$

注意到中心解和 $L_{33}(0)$ 无关，可得

$$V_{33}(z) = 1 + E(z)(\gamma^2 I - H_G^{\mathrm{T}} A^{\mathrm{T}} A H_G)^{-1} A H_G^{\mathrm{T}} \beta \tag{6.38}$$

$$V_{13}(z) = -E(z^{-1}) x_1 - \gamma^{-1} G_1(z^{-1}) V_{33}(z) \tag{6.39}$$

$$V_{23}(z) = -E(z^{-1}) x_2 - \gamma^{-1} G_2(z^{-1}) V_{33}(z) \tag{6.40}$$

则满足 $\|G(z^{-1}) - Q(z)\|_\infty \leqslant \gamma$ 且极小化 $\mathcal{I}[G(z^{-1}) - Q(z)]$ 的中心解 $Q(z) \in \mathcal{H}_\infty$ 由下式给出

$$Q(z) = \begin{bmatrix} Q_1(z) \\ Q_2(z) \end{bmatrix} = \begin{bmatrix} V_{13}(z) V_{33}(z)^{-1} \\ V_{23}(z) V_{33}(z)^{-1} \end{bmatrix} \qquad \square$$

6.5 Hankel 范数逼近问题

本节我们来研究 Hankel 逼近问题。关于最优与次最优 Hankel 范数逼近问题的研究文献相当多，如 Adamjan[2]、Ball 和 Ran[7]、Glover[12]、Curtain 和 Ran[13] 等。所以本节简单地总结如何采用上述基于正交基的新方法来求解最优与次最优 Hankel 范数逼近问题。

所谓 Hankel 逼近问题是指给定一个稳定的严格真有理传递函数，寻找低阶的稳定严格真有理传递函数去逼近该高阶函数，使得误差的 Hankel 范数最小。该问题的结论由如下定理给出。

定理 6.7 令 $(U_{k+1}(z), V_{k+1}(z))$ 为对应于 Hankel 算子 H_G 的第 $(k+1)$ 个奇异值 σ_{k+1} 的施密特对。则

$$\min_{\mathrm{order}\ \tilde{G}(z) \leqslant k} \|G(z) - \tilde{G}(z)\|_H = \sigma_{k+1}$$

稳定的最小阶 $\tilde{G}(z)$ 为

$$\tilde{G}(z) = G(z) - P_+ \left[\sigma_{k+1} \frac{V_{k+1}(z)}{U_{k+1}(z)} \right] + c$$

式中，c 为某一常数。

最优 Hankel 范数逼近问题的解是著名的 AAK 理论[2] 的一部分，文献 [6] 和文献 [3] 中也给出了类似结论。本节的创新之处在于求解该问题所需的施密特对可以用正交基方法得到。

例 6.4　寻找如下函数的 1 阶 Hankel 逼近函数 $\tilde{G}(z)$

$$G(z) = \frac{\sqrt{2}z + 1/2}{z^2 + \sqrt{2}z + 1/2}$$

由第 5 章例 5.1，可得

$$\min_{\text{order } \tilde{G}(z) \leqslant k} \|G(z) - \tilde{G}(z)\|_H = \sigma_2(G(z)) = 0.6356$$

最优逼近函数为

$$\begin{aligned}
\tilde{G}(z) &= G(z) - P_+ \left[\sigma_2 \frac{V_2(z)}{U_2(z)} \right] \\
&= \frac{\sqrt{2}z + 1/2}{z^2 + \sqrt{2}z + 1/2} + 0.6356 \frac{(0.5z^2 + \sqrt{2}z + 1)(0.6907z + 0.8253)}{(z^2 + \sqrt{2}z + 0.5)(0.8253z + 0.6907)} \\
&= \frac{0.2195z + 1.74}{0.8253z + 0.6907}
\end{aligned}$$

Hankel 范数逼近的最小值为 σ_{k+1}，然而如果我们寻找满足 $\|G(z) - \tilde{G}(z)\|_H \leqslant \gamma$ 的稳定的 $\tilde{G}(z)$ 且其阶次满足 order $\tilde{G}(z) \leqslant k$，其中 $\sigma_{k+1} \leqslant \gamma < \sigma_k$，则这样的 $\tilde{G}(z)$ 不唯一。次最优 Hankel 范数逼近问题就是给定 $G(z)$，寻找满足上述条件的所有 $\tilde{G}(z)$。

该问题的解和所谓的 Nehari-Takagi 问题是紧密详细的，详见文献 [7] 和文献 [13]。这是一种广义的 Nehari 问题：给定有理函数 $G(z) \in \mathcal{RH}_\infty$，如果可能，寻找有理函数 $\tilde{G}(z)$，该函数最多有 k 个单位圆外的极点且满足

$$\|G(z^{-1}) - \tilde{G}(z)\|_\infty < \gamma$$

对于 $\sigma_{k+1} \leqslant \gamma < \sigma_k$, Nehari-Takagi 问题的解集 $Q(z)$ 的形式与次最优 Nehari 问题的解集形式一样。不过在这里，$Q(z)$ 不再隶属于 $\mathcal{H}_\infty$，$Q(z)$ 有 k 个极点在单位圆外。

引理 6.1 令 $G(z) \in \mathcal{R}\mathcal{H}_\infty$ 为严格真有理函数且其阶次为 n，则

$$\|G(z)\|_H \leqslant \|G(z)\|_\infty \leqslant 2n\|G(z)\|_H$$

当我们将该有理函数局限于具有有界的 McMillan 阶次的传递函数时，Hankel 范数等同于无穷范数。在这种情况下，Hankel 范数逼近问题就立刻退化为 Nehari-Takagi 问题，文献 [7] 给出了该问题的如下结果。

定理 6.8 令 G 为严格真有理函数且其 Hankel 奇异值为 $\sigma_1 \geqslant \sigma_2 \geqslant \cdots \geqslant \sigma_n > 0$。假设 $\sigma_{k+1} \leqslant \gamma < \sigma_k$，则

$$k = \min\{l : \|G(z) - \tilde{G}(z)\|_H < \gamma, \tilde{G} \in \mathcal{R}\mathcal{H}_\infty,$$
$$\text{McMillan degree } (\tilde{G}(z)) \leqslant l\}$$

现在我们可以利用 6.4 节中的次最优 Nehari 问题的求解来得到次最优 Hankel 范数逼近问题的线性分式形式的参数化解集了。给定 γ，将次最优 Nehari 问题解中的变量 z 替换为 z^{-1}，就可以很容易地得到次最优 Hankel 范数逼近问题的解。

定理 6.9 令 $G(z) \in \mathcal{H}_\infty$ 为严格真有理函数且其奇异值为 $\sigma_1 \geqslant \sigma_2 \geqslant \ldots \geqslant \sigma_n$。假设 $\sigma_{k+1} \leqslant \gamma < \sigma_k$，则满足

$$\|G(z) - \tilde{G}(z)\|_H \leqslant \gamma$$

的所有具有 order $\tilde{G}(z) \leqslant k$ 的稳定函数 $\tilde{G}(z)$ 由下式给出

$$\tilde{G}(z) = P_+[Q(z^{-1})] + c$$

式中，$Q(z)$ 由式 (6.11) 给出；c 为任意常数。

证明 可以由定理 6.3.1 和文献 [7] 中的定理 20.5.1 直接得到该结果。 □

例 6.5 给定

$$G(z) = \frac{\sqrt{2}z + 0.5}{z^2 + \sqrt{2}z + 0.5}$$

令 $\tilde{G}(z) \in \mathcal{H}_\infty$，寻找所有满足 $\|G(z) - \tilde{G}(z)\|_H \leqslant 1$ 的且具有 order $\tilde{G}(z) = 1$ 的 $\tilde{G}(z)$。

由第 5 章中的例 5.1，我们已经求得 β, H_G。对于 $\gamma = 1$，可得

$$X(z) = \frac{0.0422z^2 + 0.2362z}{z^2 + \sqrt{2}z + 0.5}$$

$$Y(z) = \frac{1.2081z^2 + 1.1783z}{z^2 + \sqrt{2}z + 0.5}$$

因而有

$$V(z) = \begin{bmatrix} \dfrac{0.9578z^2 + 2.3569z + 0.51}{z^2 + \sqrt{2}z + 0.5} & \dfrac{-2.208z^2 - 0.9424z}{z^2 + \sqrt{2}z + 0.5} \\[3mm] \dfrac{-0.5302z - 0.6040}{z^2 + \sqrt{2}z + 0.5} & \dfrac{1.02z^2 + 1.5907z + 0.4789}{z^2 + \sqrt{2}z + 0.5} \end{bmatrix}$$

则 $Q(z)$ 由下式给出

$$\{Q(z) = -T_1(z)T_2^{-1}(z) : \begin{bmatrix} T_1(z) \\ T_2(z) \end{bmatrix}$$

$$= V(z) \begin{bmatrix} R(z) \\ 1 \end{bmatrix}, R(z) \in \mathcal{H}_\infty, \|R(z)\|_\infty \leqslant 1\}.$$

满足 $\|G(z) - \tilde{G}(z)\|_H \leqslant 1$ 的且具有 order $\tilde{G}(z) = 1$ 的 $\tilde{G}(z)$ 由下式给出

$$\tilde{G}(z) = P_+[Q(z^{-1})] + c$$

特别地，对于 $R(z) = 0$，有

$$Q(z) = \frac{2.208z^2 + 0.9424z}{z^2 + 1.5907z + 0.4789}$$

和

$$\tilde{G}(z) = P_+[Q(z^{-1})] + c = \frac{-0.2960z + 1.8596}{z + 0.8422} + c$$

参 考 文 献

[1] Nehari Z. On bounded bilinear forms. Annals of Mathematics, 1957, 15(1): 153–162.

[2] Adamjan V M, Arov D Z, Krein M G. Analytical properties of Schmidt pairs for a Hankel operator and the generalized Schur-Tagagi problem. Math. USSR Sbornik, 1971, 15: 31–73.

[3] Young N. An Introduction to Hilbert Space. London: Cambrige University Press, 1988.

[4] Chui C K, Chen G. Discrete H^∞ Optimization. London: Springer, 1997.

[5] Zhou K, Doyle J C, Glover K. Robust and Optimal Control. Upper Saddle River: Prentice Hall, 1996.

[6] Francis B. A course in H_∞ Control Theory. Berlin: Springer-Verlag, 1987.

[7] Ball J A, Gohberg I, Rodman L. Interpolation of Rational Matrix Functions. New York: Birkhäuser Verlag, 1990.

[8] Fuhrmann P A. The Bounded real characteristic functions and Nehari extensions. Operator Theory: Advances and Applications, 1994, 73: 264–315.

[9] Foias C, Frazho A, Gohberg I, et al. Metric Constrained Interpolation, Commutant Lifting and Systems. New York: Birkhäuser Verlag, 1998.

[10] Qiu L, Chen T. Contractive completion of block matrices and its application to $\mathcal{H}_\infty$ control of periodic systems. Operator Theory: Advances and Applications, 1996, 87: 263–281.

[11] Iglesias P, Nustafa D, Glover K. Discrete time $\mathcal{H}_\infty$ controllers satisfing a minimum entropy criterion. System and Control Letters, 1990, 14: 275–286.

[12] Glover K. All optimal Hankel-norm approximations and their L^∞-error bounds. Int. J. Contr., 1984, 39: 1115–1193.

[13] Curtain R F, Ran A. Explicit formulas for Hankel norm approximations of infinite-dimensional systems. Integral Equations and Operator Theory, 1998, 31: 307–320.

[14] Gohberg I, Olshevsky V. Fast state space algorithms for matrix Nehari and nehari-takagi interpolation problems. Integral Equ. and Operator Theory, 1994, 20(1): 44–83.

第 7 章　鲁棒镇定问题

在本章，我们来研究鲁棒镇定问题的正交基求解方法。首先给出不确定性的描述并通过小增益定理和间隙测度理论来定义和衡量系统的稳定性，然后介绍基于互质分解的内稳定控制器参数化表述方法，最后将次最优鲁棒镇定问题转化为 Nehari 问题，从而采用第 6 章中的正交化方法给出该问题的解。

本章预览

7.1 H_∞ 标准问题

在控制系统中许多不同要求的 H_∞ 优化问题，都可以转化为同一模式的问题，即 H_∞ 标准问题。下面介绍 H_∞ 标准问题[1]。

设线性定常系统如图 7.1 所示，通常称为标准问题框图。其中，$z \in \mathbf{R}^m$ 表示被控输出信号，$y \in \mathbf{R}^q$ 是测量信号，$u \in \mathbf{R}^r$ 是控制信号，P 表示广义被控对象，包括实际被控对象和加权函数，K 表示所有设计的控制器。

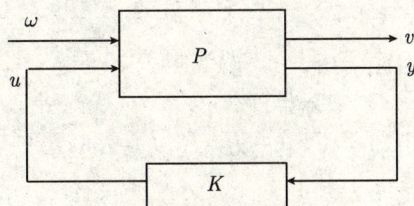

图 7.1 标准控制问题

广义对象 P 的状态方程描述为

$$x(k+1) = Ax(k) + B_1\omega(k) + B_2u(k) \tag{7.1a}$$

$$v(k) = C_1x(k) + D_{11}\omega(k) + D_{12}u(k) \tag{7.1b}$$

$$y(k) = C_2x(k) + D_{21}\omega(k) + D_{22}u(k) \tag{7.1c}$$

式中，$x \in \mathbf{R}^n$ 表示状态向量，传递函数形式为

$$P(z) = \begin{bmatrix} P_{11}^{m \times p} & P_{12}^{m \times r} \\ P_{21}^{q \times p} & P_{22}^{q \times r} \end{bmatrix} \begin{bmatrix} \omega \\ u \end{bmatrix}^{\substack{p \times 1 \\ n \times 1}}$$

$$= \begin{bmatrix} D_{11} & D_{12} \\ D_{21} & D_{22} \end{bmatrix} + \begin{bmatrix} C_1 \\ C_2 \end{bmatrix} (zI - A)^{-1} \begin{bmatrix} B_1 & B_2 \end{bmatrix}$$

$$= \begin{bmatrix} A & B_1 & B_2 \\ C_1 & D_{11} & D_{12} \\ C_2 & D_{21} & D_{22} \end{bmatrix} = \begin{bmatrix} A & B \\ C & D \end{bmatrix} \tag{7.2}$$

输入、输出描述为

$$\begin{bmatrix} v \\ y \end{bmatrix} = P \begin{bmatrix} \omega \\ u \end{bmatrix} = \begin{bmatrix} P_{11} & P_{12} \\ P_{21} & P_{22} \end{bmatrix} \begin{bmatrix} \omega \\ u \end{bmatrix} \tag{7.3}$$

控制器表示为

$$u = Ky \tag{7.4}$$

将式 (7.4) 代入式 (7.3)，消去 y，得

$$F_l(P, K) = P_{11} + P_{12}K(I - P_{22}K)^{-1}P_{21} \tag{7.5}$$

$F_l(P, K)$ 实际是 P, K 的线性分式变换。

对 H_∞ 标准控制问题分析如下。

取一正则控制器 K，使系统闭环内稳定，且使闭环传递函数 $F_l(P, K)$ 的 H_∞ 范数极小，即

$$\min \|F_l(P, K)\|_\infty \tag{7.6}$$

式 (7.6) 表示 H_∞ 最优控制问题。若给定 $\gamma > 0$，求取镇定控制器 K，使

$$\|F_l(P, K)\|_\infty < \gamma \tag{7.7}$$

则表示 H_∞ 次最优控制问题。

若将式 (7.6) 或式 (7.7) 的 H_∞ 范数改为 H_2 范数，即 $\min \|F_l(P, K)\|_2$ 或 $\|F_l(P, K)\|_2 < \gamma$，则该控制问题就转化成典型的 LQG 控制问题。

按照 P_{11}, P_{12} 维数的大小，H_∞ 标准问题又可进一步分为

(1) 一块问题：$m = p$, $r = q$。

(2) 两块问题：$m = p$, $q < r$ 或 $m > q$, $r = q$。

(3) 四块问题: $m > q$, $q < r$。

其中, 四块问题是最一般的, 分析也最难。

7.2 H_∞ 标准控制包含的控制问题

前面讲过许多实际控制问题均可统一于 H_∞ 标准问题。如图 7.1 所示, 广义对象 P 并不等同于实际的受控对象。针对不同的控制目标, 即使受控对象一样, P 也未必相同。本节主要说明几种典型的控制问题如何转化成 H_∞ 标准控制问题[2], 推出这些问题对应的广义对象 P 和控制器 K。

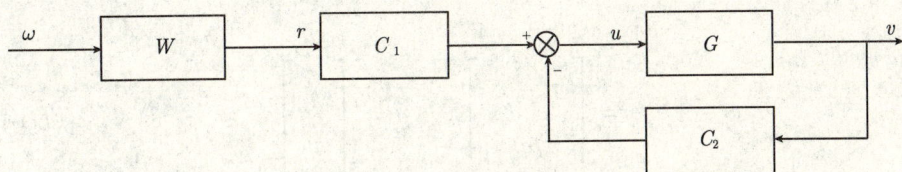

图 7.2 跟踪问题

7.2.1 跟踪问题

如图 7.2 所示系统中, G 为受控对象, 输出 v 要跟踪输入信号 r。控制输入 u 由 r, v 分别通过控制器 C_1, C_2 产生, 即

$$u = C_1 r + C_2 v = \begin{bmatrix} C_1, & C_2 \end{bmatrix} = \begin{bmatrix} r \\ v \end{bmatrix} \tag{7.8}$$

式中, 参考输入 r 不是已知的确定信号, 而是一类能量有限的信号。即

$$r = W\omega(\omega \in H_2), \quad \|\omega\|_2 < 1 \tag{7.9}$$

在跟踪问题中, G, W 已知, C_1 和 C_2 待定设计。跟踪误差 $r - v$ 是控制系统设计所关心的实际受控变量。当单纯追求跟踪误差最小时, 可取 $\|r - v\|_2^2$ 作为目标函数。但这时的控制器不是实际物理可实现的, 控

制信号的幅值为无穷大。因此，在设计中，给目标函数增加一加权能量控制量，则可保证真实有理控制器存在。取

$$\|r - v\|_2^2 + \|\rho u\|_2^2 \tag{7.10}$$

作为目标函数，其等于信号

$$z = \begin{bmatrix} r - v \\ \rho u \end{bmatrix} \tag{7.11}$$

的目标函数的极小问题，即

$$\min\{\|z\|_2 | \omega \in H_2, \|\omega\|_2 < 1\} \tag{7.12}$$

取

$$z = \begin{bmatrix} r - v \\ \rho u \end{bmatrix}, \quad y = \begin{bmatrix} r \\ v \end{bmatrix} \tag{7.13}$$

外部输入信号和控制信号分别为 ω 和 u，则广义受控对象及控制器方程为

$$\begin{bmatrix} z \\ y \end{bmatrix} = \begin{bmatrix} r - v \\ \rho u \\ r \\ v \end{bmatrix} = \begin{bmatrix} W & -G \\ 0 & \rho I \\ W & 0 \\ 0 & G \end{bmatrix} \begin{bmatrix} \omega \\ u \end{bmatrix} \tag{7.14}$$

$$\omega = \begin{bmatrix} C_1 & C_2 \end{bmatrix} \begin{bmatrix} r \\ v \end{bmatrix} \tag{7.15}$$

相应的 P 和 K

$$P = \begin{bmatrix} P_{11} & P_{12} \\ P_{21} & P_{22} \end{bmatrix} \tag{7.16}$$

则有

$$P_{11} = \begin{bmatrix} W \\ 0 \end{bmatrix}, \quad P_{12} = \begin{bmatrix} -G \\ \rho I \end{bmatrix}$$

$$P_{21} = \begin{bmatrix} W \\ 0 \end{bmatrix}, \quad P_{22} = \begin{bmatrix} 0 \\ G \end{bmatrix}$$

$$K = \begin{bmatrix} C_1 & C_2 \end{bmatrix} \tag{7.17}$$

图 7.2 相应可转变成为图 7.1 所示的 H_∞ 标准问题，如图 7.3 所示。在标准问题中，P，K 及 ω，z，u，v 与实际受控系统变量的关系一目了然。其中，u，v 为实际物理装置的输入、输出信号，属于系统内部信号；ω，z 是虚构信号，属于外部信号。

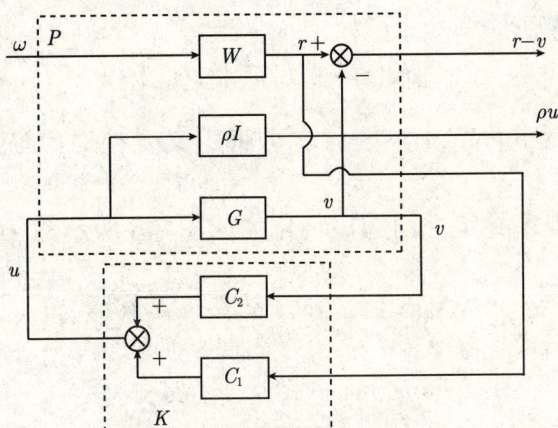

图 7.3   跟踪问题的 H_∞ 标准化

7.2.2   鲁棒确定性问题

由于种种原因，控制关系总存在不确定性。设受控对象 G_g 存在如下加性不确定性

$$G_g = G + \Delta G \tag{7.18}$$

式中，G_g 为标称系统，摄动 $\Delta G \in RH_\infty$，G 和 G_g 皆为严格有理矩阵且满足

$$\|\Delta G\|_\infty < 1 \tag{7.19}$$

鲁棒稳定性问题就是设计控制器 K, 使得 G_g 稳定, 如图 7.4 所示。在该条件下, 有如下的定理。

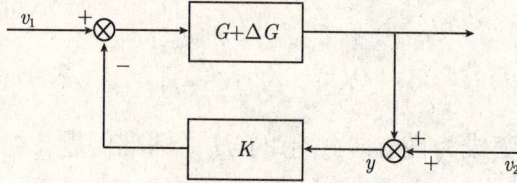

图 7.4　具有加性不确定的闭环系统

定理 7.1 [3] 　图 7.4 中有理控制器 K 使 G_g 稳定的充要条件是 K 使 G_g 稳定, 且满足

$$\|K(I-GK)^{-1}\|_\infty \leqslant 1 \tag{7.20}$$

式中, ΔG 满足式 (7.19)。因此, 可将广义受控对象 P 定义为 $P = \begin{bmatrix} 0 & I \\ I & G \end{bmatrix}$, 则鲁棒稳定性问题可转化为如图 7.5 所示的 H_∞ 标准控制问题。即 K 使 G 稳定, 且使从 ω 到 z 的传递函数矩阵

$$F_l(P,K) = K(I-GK)^{-1} \tag{7.21}$$

的 H_∞ 范数满足

$$\|K(I-GK)^{-1}\|_\infty \leqslant 1 \tag{7.22}$$

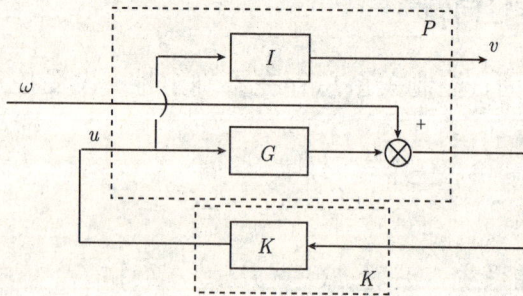

图 7.5　鲁棒稳定问题的等价系统

同理，对于乘性不确定性，假设条件和加法摄动相同，则系统鲁棒稳定性的充要条件是

$$\|GK(I - GK)^{-1}\|_\infty \leqslant 1 \tag{7.23}$$

此时相应的广义对象为

$$P = \begin{bmatrix} 0 & G \\ I & G \end{bmatrix} \tag{7.24}$$

7.2.3 灵敏度极小化问题

对于如图 7.6 所示的系统，设计控制器 K 使得闭环系统稳定，且干扰 ω 对期望输出 v 的影响最小，这就是灵敏度极小化问题。对于该系统，可求得 ω 到 v 的传递函数 S 为

$$S = (I + KG)^{-1} \tag{7.25}$$

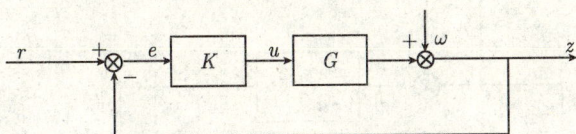

图 7.6 灵敏度极小化问题

实际上 S 通常称为灵敏度函数，同时也是输入 r 到误差 e 的传递函数。考虑到加权函数 W，则该灵敏度极小化问题就是

$$\min_K \|WS\|_\infty \tag{7.26}$$

令 $F_l(G, K) = WS$，则

$$F_l(G, K) = W(I + KG)^{-1} \tag{7.27}$$

将 $(I + KG)^{-1} = I - K(I + GK)^{-1}G$ 代入式 (7.27)，得

$$F_l(G, K) = W(I + KG)^{-1} = W - WK(I + GK)^{-1}G \tag{7.28}$$

令

$$P_{11} = W, \quad P_{12} = -W, \quad P_{21} = G, \quad P_{22} = -G \tag{7.29}$$

则相应的广义对象

$$P = \begin{bmatrix} W & -W \\ G & -G \end{bmatrix} \tag{7.30}$$

式中，K 就是控制器。这样，如图 7.6 所示的灵敏度极小化问题就转化成如图 7.7 所示的 H_∞ 标准控制问题。

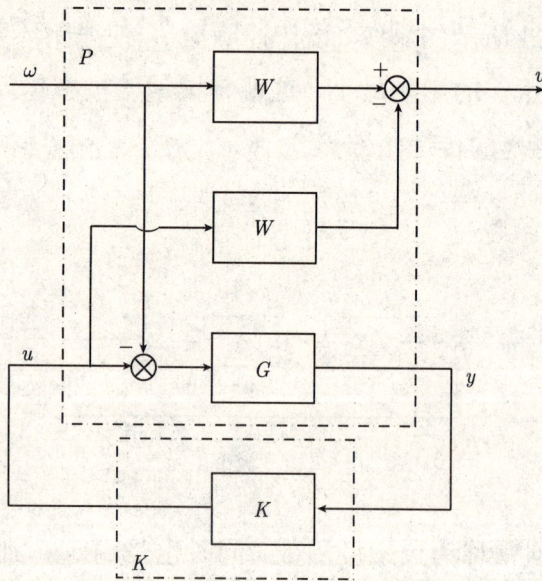

图 7.7　灵敏度问题的等价系统

7.2.4　混合灵敏度问题

对于如图 7.8 所示的系统，ω 到期望输出 z_1 和 z_2 的传递函数分别为 W_1S 和 W_2T，选取目标函数

$$P = \begin{bmatrix} W_1S \\ W_2T \end{bmatrix} \tag{7.31}$$

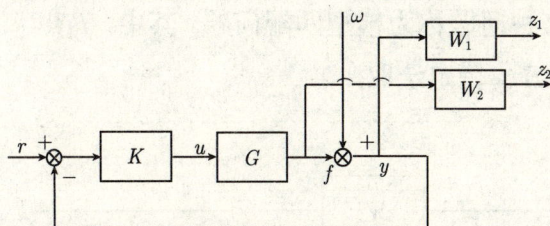

图 7.8   混合灵敏度优化问题

求解混合灵敏度问题的目的就是寻找控制器 $K(s)$，使得该系统闭环稳定，且 $\|J\|_\infty$ 最小。由 J 得

$$J = \begin{bmatrix} W_1 S \\ W_2 T \end{bmatrix} = \begin{bmatrix} W_1(I + GK)^{-1} \\ W_2 GK(I + GK)^{-1} \end{bmatrix}$$

$$= \begin{bmatrix} W_1 \\ 0 \end{bmatrix} = \begin{bmatrix} -W_1 GK(I + GK)^{-1} \\ W_2 GK(I + GK)^{-1} \end{bmatrix}$$

$$= \begin{bmatrix} W_1 \\ 0 \end{bmatrix} = \begin{bmatrix} -W_1 G \\ W_2 G \end{bmatrix} K(I + GK)^{-1} \tag{7.32}$$

令

$$P = \begin{bmatrix} W_1 & -W_1 G \\ 0 & W_2 G \\ I & -G \end{bmatrix} \tag{7.33}$$

取 P 为系统的广义受控对象，则混合灵敏度问题就可转化成如图 7.9 所示的 H_∞ 标准问题。

由于实际控制系统经常是干扰和受控对象的不确定性同时存在，因此求解混合灵敏度优化问题具有非常重要的意义。

7.2.5   模型匹配问题

如图 7.10 所示，用串联的三个传递函数矩阵 T_3, Q, T_2 来逼近传递

函数矩阵 T_1。这种问题称为模型匹配问题。其中，T_1, T_2, $T_3 \in RH_\infty$ 为已知，而 $Q \in RH_\infty$ 待定选取。

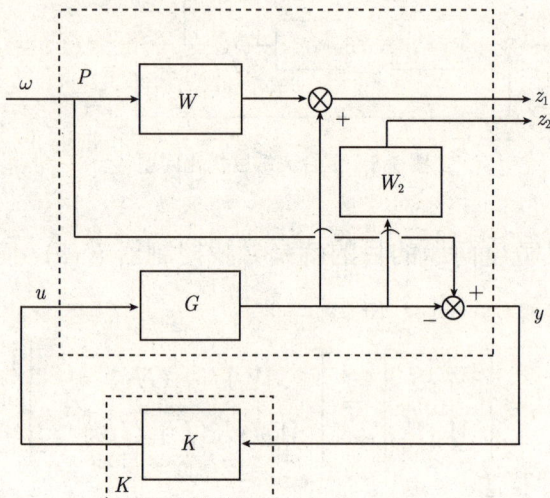

图 7.9　混合灵敏度优化的等价标准问题

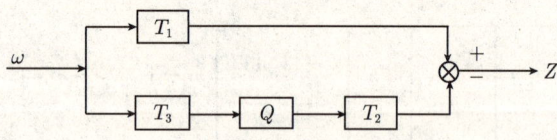

图 7.10　模型匹配问题

如何衡量 $T_2 Q T_3$ 逼近 T_1 的程度。选取测试信号 $\omega \in H_2$，且 $\|\omega\|_2 < 1$，使得误差的极大值极小。根据 H_∞ 范数的定义可得

$$\min \|T_1 - T_2 Q T_3\|_\infty \tag{7.34}$$

模型匹配问题[4] 是标准控制问题中一个重要的方面，它将闭环系统的内部稳定性转化成 $Q \in RH_\infty$，这对研究 H_∞ 控制系统的稳定性更为方便。这时广义对象为

$$P = \begin{bmatrix} T_1 & T_2 \\ T_3 & 0 \end{bmatrix} \tag{7.35}$$

控制器为

$$K = -Q \tag{7.36}$$

K 使 P 稳定,等价于要求 $Q \in RH_\infty$。等价结构如图 7.11 所示。

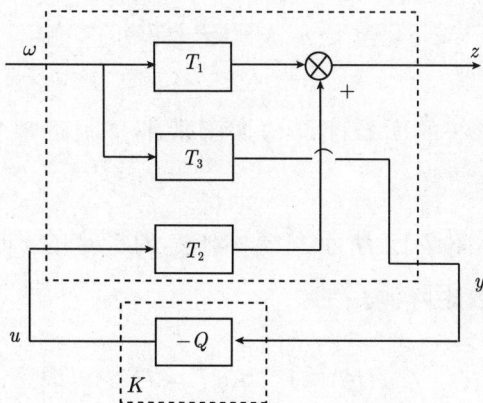

图 7.11 图 7.10 的等价结构

当然,可以转化为 H_∞ 标准控制的控制问题还有许多。例如,两自由度控制、分子分母互质摄动干扰抑制控制等问题,这里就不再一一讨论。

7.3 间隙测度与鲁棒性

大部分控制器设计方案都是基于模型的方法,而模型与实际系统之间的关系是复杂的,模型的质量好坏取决于它与真实对象之间的匹配程度。通常情况下,模型很难精确地描述和表达实际系统的行为。我们将给定模型所描述的系统称为名义模型,而将名义模型与真实对象之间的误差称作模型误差或者不确定性。因而,一个真实系统可以由名义模型及其不确定模型集合来描述。

假定 P 为某对象的名义模型,K 为控制器,该反馈系统结构如图 7.12 所示。

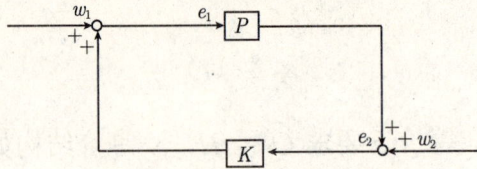

图 7.12　反馈系统结构图

如果该反馈系统的所有闭环传递函数都是明确定义的和适当的，则称该系统为适定的。

定义 7.1 [5]　图 7.12 所示系统称作是内稳定的，如果从 (w_1, w_2) 到 (e_1, e_2) 的传递函数矩阵满足

$$\begin{bmatrix} I + K(I - PK)^{-1}P & K(I - PK)^{-1} \\ (I - PK)^{-1}P & (I - PK)^{-1} \end{bmatrix} \in \mathcal{RH}_{\infty}$$

如果对于具有不确定性的模型集合中的每一个对象，控制器 K 都可以使得该系统是内稳定的，则称该闭环系统具有鲁棒稳定性。鲁棒稳定性条件由下述小增益定理给出。

考虑如图 7.13 所示的系统，其中 M 为稳定的传递函数。

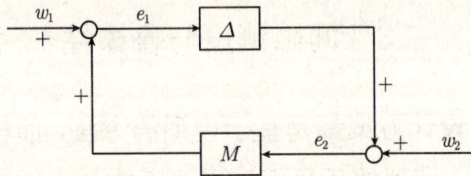

图 7.13　反馈系统稳定性分析

定理 7.2(小增益定理)[6]　假定 $M \in \mathcal{RH}_{\infty}$ 且 $\gamma > 0$。则对于所有 $\Delta \in \mathcal{RH}_{\infty}$ 且 $\|\Delta\|_{\infty} < 1/\gamma$，如上系统是明确定义且内稳定的，当且仅当 $\|M\|_{\infty} \leqslant \gamma$。

系统的不确定性有多种表述方式，如加性不确定性、乘性不确定性、互质分解不确定性等。然而，上述对模型不确定性的描述却无法准确度

量和描述反馈控制器设计中用到的系统之间的距离概念。因为两个闭环特性相近的系统，它们的开环系统之间的距离可能是任意大的。

为解决上述问题，可以引入测度的概念，系统的不确定性可以描述为所考虑系统集合的一个测度。即一个不确定系统可以定义为以名义模型为中心，以该测度为半径的一个球。这样的测度概念包括间隙测度 (gap metric)[7,8]、逐点间隙测度 (pointwise gap metric)[9] 和 ν-间隙测度 (ν-gap metric)[10]。在本节中，我们首先来了解一下间隙测度理论及其在控制器设计中的一些应用。

令 P 为有理传递函数，由 P 所派生的图定义为包含所有 (u, Pu) 对的 $\mathcal{H}_2$ 的子空间，记为 $\mathcal{G}(P)$。则两个系统 P_1 和 P_2 之间的间隙测度定义为

$$\delta(P_1, P_2) = \left\| \Pi_{\mathcal{G}(P_1)} - \Pi_{\mathcal{G}(P_2)} \right\|$$

式中，Π_K 表示到 K 的正交投影。

以 P 为中心、半径为 r 的间隙测度球定义为

$$\mathcal{B}(P, r) = \{ \tilde{P} : \delta(P, \tilde{P}) < r \}$$

Qiu 和 Davison 给出了如下关于鲁棒稳定性的判定定理[9]。

定理 7.3 假定反馈系统 (P, K) 是稳定的，给定任意正实数 r_1 和 r_2，令 $\tilde{P} \in \mathcal{B}(P, r_1)$，$\tilde{K} \in \mathcal{B}(K, r_2)$。则反馈系统对任意的对象 $\tilde{P}$ 和控制器 $\tilde{K}$ 都是稳定的，当且仅当

$$\arcsin b_{P,K} \geqslant \arcsin r_1 + \arcsin r_2$$

式中

$$b_{P,K} := \left\| \begin{bmatrix} I \\ K \end{bmatrix} (I + PK)^{-1} \begin{bmatrix} I & P \end{bmatrix} \right\|_{\infty}^{-1} \tag{7.37}$$

$b_{P,K}$ 定义为该系统的鲁棒稳定裕度。它的大小体现了系统稳定性的

好坏。鲁棒镇定问题就是要寻找最优的鲁棒稳定裕度

$$b_{\mathrm{obt}}(P) := \left\{ \inf_{K\text{镇定系统}} \left\| \begin{bmatrix} I \\ K \end{bmatrix} (I+PK)^{-1} \begin{bmatrix} I & P \end{bmatrix} \right\|_{\infty} \right\}^{-1}$$

可见，鲁棒镇定问题实质上是一类特殊的 $\mathcal{H}_{\infty}$ 最优控制问题。

7.4　控制器参数化

在 7.3 节我们看到，鲁棒镇定问题就是要在所有可镇定给定系统的控制器中寻找具有最优鲁棒稳定裕度的控制器。在本节中，对于给定的系统对象，我们将首先采用参数化的方法来刻画所有可镇定该系统的控制器集合，也就是通过基于互质分解进行的欧拉参数化方法[11,12]。

给定适当对象 $P(z) = \dfrac{b(z)}{a(z)}$，其中，$a(z)$ 和 $b(z)$ 为互质多项式，考虑如下多项式

$$z^n[a(z)a(z^{-1}) + b(z)b(z^{-1})]$$

注意到该多项式为自我共轭的，如果 z 为该多项式的一个根，则 z^{-1} 也是该多项式的根。这意味着该多项式的根是关于单位圆镜像对称的，不可能有位于单位圆上的根。因而，必定存在一个稳定的多项式 $d(z)$ 使得

$$z^n[a(z)a(z^{-1}) + b(z)b(z^{-1})] = z^n d(z)d(z^{-1}) \tag{7.38}$$

该多项式 $d(z)$ 称为多项式 $z^n[a(z)a(z^{-1}) + b(z)b(z^{-1})]$ 的谱因子，寻找该谱因子 $d(z)$ 的过程，我们称为谱分解。

一旦得到 $d(z)$，我们就可以通过求解如下 Doiphantine 方程来得到 $x(z)$ 和 $y(z)$

$$a(z)x(z) + b(z)y(z) = d^2(z) \tag{7.39}$$

进而令

$$M(z) = \frac{a(z)}{d(z)}, \quad N(z) = \frac{b(z)}{d(z)}, \quad X(z) = \frac{x(z)}{d(z)}, \quad Y(z) = \frac{y(z)}{d(z)} \tag{7.40}$$

则显然 $M(z)$，$N(z)$，$X(z)$，$Y(z)$ 都是稳定的传递函数且满足

$$M(z)X(z) + N(z)Y(z) = 1$$

因而，$G = M^{-1}N$ 是一个左互质分解。

定理 7.4(Youla-Kucera) 使得对象 $P(z)$ 内稳定的所有控制器 $K(z)$ 的集合可以参数化表示为

$$K(z) = \frac{Y(z) - M(z)Q(z)}{X(z) + N(z)Q(z)} \tag{7.41}$$

式中，$Q(z) \in \mathcal{RH}_\infty$。

7.5 将鲁棒镇定问题转化为 Nehari 问题

现在，我们再次考虑最优 $\mathcal{H}_\infty$ 镇定问题：给定对象 $P(z)$，在所有使得对象 $P(z)$ 内稳定的控制器集合中寻找使得如下范数最小的控制器 $K(z)$：

$$\left\| \begin{bmatrix} I \\ K \end{bmatrix} (I + PK)^{-1} [\ I \quad P\ ] \right\|_\infty$$

标准 $\mathcal{H}_\infty$ 控制问题由 J.C. Doyle[13] 在 1984 年提出，而 $\mathcal{H}_\infty$ 次最优解问题则是对给定对象，求取能镇定该对象并使得闭环系统传递函数的 $\mathcal{H}_\infty$ 小于给定的正实数的控制器。现今有好几种方法可以用来求解该问题，本书主要介绍采用互质分解来求解的方法。考虑所有控制器 $K(z)$ 的参数化描述形式，取 $Q(z) = \dfrac{v(z)}{u(z)} \in \mathcal{RH}_\infty$，则有

$$K(z) = \frac{y(z)u(z) - a(z)v(z)}{x(z)u(z) + b(z)v(z)}$$

因而

$$\left\| \begin{bmatrix} I \\ K \end{bmatrix} (I + PK)^{-1} [\ I \quad P\ ] \right\|_\infty$$

$$
= \left\| \begin{bmatrix} \dfrac{x(z)u(z)+b(z)v(z)}{x(z)u(z)+b(z)v(z)} \\[2mm] \dfrac{y(z)u(z)-a(z)v(z)}{x(z)u(z)+b(z)v(z)} \end{bmatrix} \left(1 + \dfrac{b(z)}{a(z)} \dfrac{y(z)u(z)-a(z)v(z)}{x(z)u(z)+b(z)v(z)} \right)^{-1} \begin{bmatrix} \dfrac{a(z)}{a(z)} & \dfrac{b(z)}{a(z)} \end{bmatrix} \right\|_{\infty}
$$

$$
= \left\| \begin{bmatrix} \dfrac{x(z)}{d(z)} + \dfrac{b(z)v(z)}{d(z)u(z)} \\[2mm] \dfrac{y(z)}{d(z)} - \dfrac{a(z)v(z)}{d(z)u(z)} \end{bmatrix} \dfrac{d^2(z)u(z)}{x(z)a(z)u(z)+b(z)y(z)u(z)} \begin{bmatrix} \dfrac{a(z)}{d(z)} & \dfrac{b(z)}{d(z)} \end{bmatrix} \right\|_{\infty}
$$

$$
= \left\| \begin{bmatrix} \dfrac{x(z)}{d(z)} + \dfrac{b(z)v(z)}{d(z)u(z)} \\[2mm] \dfrac{y(z)}{d(z)} - \dfrac{a(z)v(z)}{d(z)u(z)} \end{bmatrix} \begin{bmatrix} \dfrac{a(z)}{d(z)} & \dfrac{b(z)}{d(z)} \end{bmatrix} \right\|_{\infty}
$$

$$
= \left\| \begin{bmatrix} \dfrac{x(z)}{d(z)} \\[2mm] \dfrac{y(z)}{d(z)} \end{bmatrix} + Q(z) \begin{bmatrix} \dfrac{b(z)}{d(z)} \\[2mm] -\dfrac{a(z)}{d(z)} \end{bmatrix} \right\|_{\infty}
$$

这里，因为 $\begin{bmatrix} \dfrac{a(z)}{d(z)} & \dfrac{b(z)}{d(z)} \end{bmatrix}$ 是一个内函数，所以

$$
\begin{bmatrix} \dfrac{b(z^{-1})}{d(z^{-1})} & \dfrac{-a(z^{-1})}{d(z^{-1})} \\[3mm] \dfrac{a(z)}{d(z)} & \dfrac{a(z)}{d(z)} \end{bmatrix}
$$

也是内函数，从而可得

$$
\left\| \begin{bmatrix} I \\ K \end{bmatrix} (I+PK)^{-1} \begin{bmatrix} I & P \end{bmatrix} \right\|_{\infty}
$$

$$
= \left\| \begin{bmatrix} \dfrac{x(z)}{d(z)} \\[2mm] \dfrac{y(z)}{d(z)} \end{bmatrix} + Q(z) \begin{bmatrix} \dfrac{b(z)}{d(z)} \\[2mm] -\dfrac{a(z)}{d(z)} \end{bmatrix} \right\|_{\infty}
$$

$$
= \left\| \begin{bmatrix} \dfrac{x(z)b(z^{-1})-y(z)a(z^{-1})}{d(z)d(z^{-1})} \\[2mm] 1 \end{bmatrix} + Q(z) \begin{bmatrix} 1 \\ 0 \end{bmatrix} \right\|_{\infty}
$$

$$= \left\| \begin{bmatrix} \dfrac{x(z)b(z^{-1}) - y(z)a(z^{-1})}{d(z)d(z^{-1})} + Q(z) \\ 1 \end{bmatrix} \right\|_{\infty}$$

$$= \sqrt{ \left\| \dfrac{x(z)b(z^{-1}) - y(z)a(z^{-1})}{d(z)d(z^{-1})} + Q(z) \right\|_{\infty}^{2} + 1 }$$

$$= \sqrt{ \left\| \dfrac{w(z^{-1})}{d(z^{-1})} + Q(z) \right\|_{\infty}^{2} + 1 }$$

式中，$w(z)$ 满足如下方程的多项式

$$z^n [x(z)b(z^{-1}) - y(z)a(z^{-1})] = z^n d(z)w(z^{-1}) \tag{7.42}$$

令 $G(z) = \dfrac{w(z)}{d(z)}$，则原来的鲁棒镇定问题转换为寻找 $Q(z) \in \mathcal{RH}_{\infty}$ 来极小化

$$\left\| \dfrac{w(z^{-1})}{d(z^{-1})} + Q(z) \right\|_{\infty}$$

而这正是第 6 章已经求解过的 Nehari 问题。由此可得关于鲁棒问题求解的下述定理。

定理 7.5 [14] 给定适当对象 $P(z) = \dfrac{b(z)}{a(z)}$，其中 $a(z)$ 和 $b(z)$ 为互质多项式。令 $G(z) = \dfrac{w(z)}{d(z)}$，其中 $d(z)$ 和 $w(z)$ 由式 (7.38)、式 (7.39) 和式 (7.42) 得到。则

$$\inf_{K \text{ 镇定系统}} \left\| \begin{bmatrix} I \\ K \end{bmatrix} (I + PK)^{-1} [\ I \quad P\ ] \right\|_{\infty} = \sqrt{1 + \|G(z)\|_H^2} := \gamma_{\min}$$

并且对于任何 $\gamma > \gamma_{\min}$，满足

$$\left\| \begin{bmatrix} K \\ I \end{bmatrix} (I + PK)^{-1} [\ I \quad P\ ] \right\|_{\infty} < \gamma$$

的次最优控制器由以下形式给出

$$K(z) = \dfrac{Y(z) - M(z)Q(z)}{X(z) + N(z)Q(z)}$$

式中, $M(z)$, $N(z)$, $X(z)$, $Y(z)$ 由式 (7.40) 给出, $Q(z)$ 则由式 (6.11) 给出。

现在, 我们可以利用第 6 章给出的方法来求解次最优鲁棒控制器解集了, 具体步骤见如下算法。

算法 7.3.1 求解次最优鲁棒控制器解集

第一步(谱分解)　求解满足

$$z^n[a(z)a(z^{-1}) + b(z)b(z^{-1})] = z^n d(z)d(z^{-1})$$

的稳定多项式 $d(z)$。

第二步(Diophantion 方程)　寻找多项式 $x(z)$ 和 $y(z)$ 使得

$$a(z)x(z) + b(z)y(z) = d^2(z)$$

寻找 $w(z)$ 使得

$$z^n[x(z)b(z^{-1}) - y(z)a(z^{-1})] = z^n d(z)w(z^{-1})$$

令

$$G(z) = \frac{w(z)}{d(z)}$$

第三步(次最优 Nehari 问题求解)　寻找 $Q(z)$ 满足

$$\|G(z^{-1}) - Q(z))\|_\infty < \gamma, \quad \gamma > \|G(z)\|_H, Q(z) \in \mathcal{RH}_\infty$$

第四步　定义

$$M(z) = \frac{a(z)}{d(z)}, \quad N(z) = \frac{b(z)}{d(z)}, \quad X(z) = \frac{x(z)}{d(z)}, \quad Y(z) = \frac{y(z)}{d(z)}$$

则次最优鲁棒控制器解集可以描述为

$$K(z) = \frac{Y(z) - M(z)Q(z)}{X(z) + N(z)Q(z)}$$

标注 7.1 注意到上述算法需要求解一块 Nehari 问题, 然后利用欧拉参数化方法来得到次最优控制器。我们也可以通过求解两块 Nehari 问题来直接得到次最优控制器, 下面的定理给出了这个结果。

定理 7.6[15] 令 (N, M) 为 P 的归一化互质分解因子。控制器 K 镇定给定系统且满足

$$\left\| \begin{bmatrix} K \\ I \end{bmatrix} (I + PK)^{-1} [\ I \ \ P \ ] \right\|_\infty \leqslant \gamma$$

当且仅当 $K = UV^{-1}$, $U, V \in \mathcal{RH}_\infty$ 且满足

$$\left\| \begin{bmatrix} -N^\sim \\ M^\sim \end{bmatrix} + \begin{bmatrix} U \\ V \end{bmatrix} \right\|_\infty \leqslant (1 - \gamma^{-2})^{1/2}$$

例 7.1 考虑如下系统

$$P(z) = \frac{1.5}{z^2 + 1}$$

求取鲁棒次最优控制器 $K(s)$, 其中 $\gamma = 3$。

第一步 (谱分解) 由

$$(z^2 + 1)(z^2 + 1) + 1.5^2 z^2 = z^2 d(z) d(z^{-1})$$

可得

$$d(z) = 2z^2 + 0.5$$

第二步(求解 Diophantion 方程) 由

$$(z^2 + 1)x(z) + 1.5y(z) = (2z^2 + 0.5)^2$$

可得

$$x(z) = 4z^2 - 2$$

$$y(z) = 1.5$$

由

$$(1.5(z^2 + 1) - 4z^2 - 2)1.5z^2 = (2z^2 + 0.5)(3z^2 - 3)$$

可得

$$w(z) = 3z^2 - 3$$

因而有

$$G(z) = \frac{3z^2 - 3}{2z^2 + 0.5}$$

第三步(求解次最优 Nehari 问题)　令

$$G_s(z) = G(z) - G(\infty) = \frac{-3.75}{2z^2 + 0.5}, \quad \gamma = 3$$

求解下述问题

$$\|G_s(z^{-1}) - Q_1(z)\|_\infty < 3, \quad Q_1(z) \in \mathcal{RH}_\infty$$

可得

$$V(z) = \begin{bmatrix} \dfrac{1.069z^2 + 0.4677}{2z^2 + 0.5} & \dfrac{0.1336z^2}{2z^2 + 0.5} \\ \dfrac{1.203}{2z^2 + 0.5} & \dfrac{1.871z^2 + 0.2673}{2z^2 + 0.5} \end{bmatrix}$$

因而, 满足

$$\|G(z^{-1}) - Q(z)\|_\infty < 3, \quad Q(z) \in \mathcal{RH}_\infty$$

的中心解为

$$Q(z) = 1.5 + \frac{0.1336z^2}{1.871z^2 + 0.2673} = \frac{2.94z^2 + 0.4009}{1.871z^2 + 0.2673}$$

对应的中心解控制器 K 为

$$\begin{aligned} K &= \frac{1.5(1.871z^2 + 0.2673) - (z^2 + 1)(2.94z^2 + 0.4009)}{(4z^2 - 2)(1.871z^2 + 0.2673) + 1.5(2.94z^2 + 0.4009)} \\ &= \frac{-2.94z^4}{7.848z^4 + 1.737z^2} \\ &= -\frac{z^2}{2.55z^2 + 0.59} \end{aligned}$$

参 考 文 献

[1] Zhou K, Doyle J C, Glover K. Robust and Optimal Control. Prentice Hall, Upper Saddle River, New Jersey, 1996.

[2] 黄曼磊. 鲁棒控制理论与应用. 哈尔滨: 哈尔滨工业大学出版社，2006.

[3] Chui C K, Chen G. Discrete H^∞ Optimization. Springer, 1997.

[4] Francis B. A course in H_∞ Control Theory. Springer-Verlag, 1987.

[5] Zhou K, Doyle J C. Essentials of Robust Control, Prentice Hall, Upper Saddle River, New Jersey, 1998.

[6] Green M K, Limebeer D J. Linear Robust Control, Prentice Hall, New Jersey, 1995.

[7] Fuhrmann P A. A Polynomial Approach to Linear Algebra. Springer, New York, 1996.

[8] Georgiou T T, Smith M C. Optimal robustness in the gap metric. IEEE Trans. Automat. Contr., 1990, 35: 673–687.

[9] Zames G, El-Sakkary A K. Unstable systems and feedback: the gap metric. Proc. Allerton Conf., 1980: 380–385.

[10] Qiu L, Davison E J. Pointwise gap metric on transfer matrices. IEEE Trans. Automat. Contr. , 1992, 37: 770–780.

[11] Qiu L, Davison E J. Feedback stability under simultaneous gap metric uncertainties in plant and controller. System and Control Letters, 1992, 18: 9–22.

[12] Youla D C, Jabr H A, Bongiornno J J. Modern Wiener-Hopf design of optimal controllers: part I. IEEE Trans. Auto. Contr., 1976, 21: 319–338.

[13] Doyle J C, Glover K, Khargonekar P, et al. State-space solutions to standard H_2 and H_∞ control problems. IEEE Trans. Auto. Contr., 1989, 34(8): 831–847.

[14] Zhao X, Qiu L. Solutions to Nehari and Hankel approximation problems using orthonormal functions. American Control Conference, 2004.

[15] McFarlane D C, Glover K. Robust Controller Design Using Normalized Coprime Factor Plant Descriptions. New York: Springer-Verlag, 1990.

第8章 用多项式方法求解 Nehari 问题

本章研究用多项式方法来求解次最优 Nehari 问题。

8.1 一块 Nehari 问题

由定理 6.6, 我们看到求解次最优 Nehari 问题的关键是求解下面的方程

$$V_{11}(z) = V_{22}(z^{-1}) - \frac{1}{\gamma}G(z^{-1})V_{21}(z)$$

$$V_{12}(z) = V_{21}(z^{-1}) - \frac{1}{\gamma}G(z^{-1})V_{22}(z)$$

式中, $V_{21}(\infty) = 0$; $D(z) = V_{11}(z)V_{22}(z) - V_{12}(z)V_{21}(z) = 1$。

由

$$G(z) = \frac{b(z)}{a(z)} = \frac{b_1 z^{n-1} + \cdots + b_n}{a_0 z^n + a_1 z^{n-1} + \cdots + a_n}$$

定义

$$W_1(z) = V_{11}(z) + V_{12}(z) = \frac{w_1(z)}{a(z)} = \frac{w_{10}z^n + w_{11}z^{n-1} + \cdots + w_{1n}}{a_0 z^n + a_1 z^{n-1} + \cdots + a_n}$$

$$W_2(z) = V_{21}(z) + V_{22}(z) = \frac{w_2(z)}{a(z)} = \frac{w_{20}z^n + w_{21}z^{n-1} + \cdots + w_{2n}}{a_0 z^n + a_1 z^{n-1} + \cdots + a_n}$$

$$W_3(z) = V_{11}(z) - V_{12}(z) = \frac{w_3(z)}{a(z)} = \frac{w_{30}z^n + w_{31}z^{n-1} + \cdots + w_{3n}}{a_0 z^n + a_1 z^{n-1} + \cdots + a_n}$$

$$W_4(z) = V_{21}(z) - V_{22}(z) = \frac{w_4(z)}{a(z)} = \frac{w_{40}z^n + w_{41}z^{n-1} + \cdots + w_{4n}}{a_0 z^n + a_1 z^{n-1} + \cdots + a_n}$$

因为 $W_2(\infty) = V_{22}(\infty), W_4(\infty) = -V_{22}(\infty)$, 可得 $w_{20} = -w_{40} = \alpha$。

记 $a^\sim(z) = z^n a(z^{-1}), b^\sim(z) = z^n b(z^{-1}), w_i^\sim(z) = z^n w_i(z^{-1})$, 则有

$$w_1(z)a^\sim(z) = w_2^\sim(z)a(z) - \frac{1}{\gamma}b^\sim(z)w_2(z) \tag{8.1}$$

$$w_3(z)a^\sim(z) = -w_4^\sim(z)a(z) - \frac{1}{\gamma}b^\sim(z)w_4(z) \tag{8.2}$$

定义 Toeplitz 矩阵如下

$$A^{\sim} = \begin{bmatrix} a_n & 0 & \cdots & 0 \\ a_{n-1} & a_n & \ddots & \vdots \\ \vdots & a_{n-1} & \ddots & 0 \\ a_0 & \vdots & \ddots & a_n \\ 0 & a_0 & \ddots & a_{n-1} \\ \vdots & \vdots & \ddots & \vdots \\ 0 & 0 & \cdots & a_0 \end{bmatrix} \in \mathbf{R}^{(2n+1)\times(n+1)}$$

$$A = \begin{bmatrix} 0 & 0 & \cdots & a_0 \\ \vdots & \vdots & \ddots & a_1 \\ 0 & a_0 & \ddots & \vdots \\ a_0 & a_1 & & a_n \\ a_1 & \vdots & \ddots & 0 \\ \vdots & a_n & \ddots & \vdots \\ a_n & 0 & \cdots & 0 \end{bmatrix} \in \mathbf{R}^{(2n+1)\times n}, \quad B^{\sim} = \begin{bmatrix} 0 & 0 & \cdots & 0 \\ b_n & 0 & \ddots & \vdots \\ \vdots & b_n & \ddots & 0 \\ b_1 & \vdots & \ddots & 0 \\ 0 & b_1 & & b_n \\ \vdots & \vdots & \ddots & \vdots \\ 0 & 0 & \cdots & b_1 \end{bmatrix} \in \mathbf{R}^{(2n+1)\times n}$$

式中, 矩阵 $A^{\sim}$ 和 $B^{\sim}$ 的任意对角线元素都是相同的。

令

$$c_1 = \frac{-1}{\gamma} \begin{bmatrix} b_n \\ b_{n-1} \\ \vdots \\ b_1 \end{bmatrix} \in \mathbf{R}^n, \quad c_2 = \begin{bmatrix} a_0 \\ a_1 \\ \vdots \\ a_n \end{bmatrix} \in \mathbf{R}^{n+1}$$

$$w_1 = \begin{bmatrix} w_{10} \\ w_{11} \\ \vdots \\ w_{1n} \end{bmatrix}, \quad w_3 = \begin{bmatrix} w_{30} \\ w_{31} \\ \vdots \\ w_{3n} \end{bmatrix}$$

$$w_2 = \begin{bmatrix} w_{21} \\ \vdots \\ w_{2n} \end{bmatrix}, \quad w_4 = \begin{bmatrix} w_{41} \\ \vdots \\ w_{4n} \end{bmatrix}$$

则方程式 (8.1)、式 (8.2) 变为

$$\begin{bmatrix} A^\sim & \frac{1}{\gamma}B^\sim - A \end{bmatrix} \begin{bmatrix} w_1 \\ w_2 \end{bmatrix} = \alpha \begin{bmatrix} c_1 \\ c_2 \end{bmatrix} \tag{8.3}$$

$$\begin{bmatrix} A^\sim & \frac{1}{\gamma}B^\sim + A \end{bmatrix} \begin{bmatrix} w_3 \\ w_4 \end{bmatrix} = \alpha \begin{bmatrix} -c_1 \\ c_2 \end{bmatrix} \tag{8.4}$$

令 $\alpha = 1$，求解上述方程可得 $\tilde{w}_i$。因而有

$$W_1(z) = \alpha \frac{\tilde{w}_{10}z^n + \tilde{w}_{11}z^{n-1} + \cdots + \tilde{w}_{1n}}{a_0 z^n + a_1 z^{n-1} + \cdots + a_n}$$

$$W_2(z) = \alpha \frac{z^n + \tilde{w}_{21}z^{n-1} + \cdots + \tilde{w}_{2n}}{a_0 z^n + a_1 z^{n-1} + \cdots + a_n}$$

$$W_3(z) = \alpha \frac{\tilde{w}_{30}z^n + \tilde{w}_{31}z^{n-1} + \cdots + \tilde{w}_{3n}}{a_0 z^n + a_1 z^{n-1} + \cdots + a_n}$$

$$W_4(z) = \alpha \frac{-z^n + \tilde{w}_{41}z^{n-1} + \cdots + \tilde{w}_{4n}}{a_0 z^n + a_1 z^{n-1} + \cdots + a_n}$$

因为

$$D(\infty) = \frac{\alpha(\tilde{w}_{10} + \tilde{w}_{30})}{2a_0}\frac{2\alpha}{2a_0} = 1$$

所以

$$\alpha = \frac{\sqrt{2}a_0}{\sqrt{\tilde{w}_{10} + \tilde{w}_{30}}}$$

最后可得

$$V_{11}(z) = \frac{W_1(z) + W_3(z)}{2}, \quad V_{12}(z) = \frac{W_1(z) - W_3(z)}{2} \tag{8.5}$$

$$V_{21}(z) = \frac{W_2(z) + W_4(z)}{2}, \quad V_{22}(z) = \frac{W_2(z) - W_4(z)}{2} \tag{8.6}$$

例 8.1　考虑例 6.2 中的系统

$$G(z) = \frac{\sqrt{2}z + 0.5}{z^2 + \sqrt{2}z + 0.5}, \quad \gamma = 8$$

可得

$$A^\sim = \begin{bmatrix} 0.5 & 0 & 0 \\ \sqrt{2} & 0.5 & 0 \\ 1 & \sqrt{2} & 0.5 \\ 0 & 1 & \sqrt{2} \\ 0 & 0 & 1 \end{bmatrix}, \quad A = \begin{bmatrix} 0 & 1 \\ 1 & \sqrt{2} \\ \sqrt{2} & 0.5 \\ 0.5 & 0 \\ 0 & 0 \end{bmatrix}, \quad B^\sim = \begin{bmatrix} 0 & 0 \\ 0.5 & 0 \\ \sqrt{2} & 0.5 \\ 0 & \sqrt{2} \\ 0 & 0 \end{bmatrix}$$

$$c_1 = \frac{-1}{8} \begin{bmatrix} 0.5 \\ \sqrt{2} \end{bmatrix}, \quad c_2 = \begin{bmatrix} 1 \\ \sqrt{2} \\ 0.5 \end{bmatrix}$$

求解方程式 (8.3)、式 (8.4), 可得

$$\tilde{w}_1 = \begin{bmatrix} 0.8946 \\ 0.1.3657 \\ 0.5000 \end{bmatrix}, \quad \tilde{w}_2 = \begin{bmatrix} 1.4974 \\ 0.5098 \end{bmatrix},$$

$$\tilde{w}_3 = \begin{bmatrix} 0.4889 \\ 1.1251 \\ 0.5000 \end{bmatrix}, \quad \tilde{w}_4 = \begin{bmatrix} -0.7716 \\ -0.1819 \end{bmatrix}$$

并且有

$$\alpha = \frac{\sqrt{2}}{\sqrt{0.8946 + 0.4889}} = 1.2023$$

因而可得

$$V(z) = \begin{bmatrix} \dfrac{0.83z^2 + 1.50z + 0.60}{z^2 + \sqrt{2}z + 0.5} & \dfrac{0.24z^2 + 0.14z}{z^2 + \sqrt{2}z + 0.5} \\[4mm] \dfrac{0.43z + 0.20}{z^2 + \sqrt{2}z + 0.5} & \dfrac{1.20z^2 + 1.37z + 0.42}{z^2 + \sqrt{2}z + 0.5} \end{bmatrix}$$

可见结果和例 6.2 中的结论相同。

8.2 两块 Nehari 问题

在本节，我们分别给出连续和离散系统两块 Nehari 问题的多项式解法。令 $P = \dfrac{b}{a}$ 为给定的系统，d 为该系统稳定的谱分解因子，满足

$$aa^\sim + bb^\sim = dd^\sim$$

式中，对连续系统来说 $a^\sim = a(-s)$，对离散系统来说 $a^\sim = z^n a(z^{-1})$。

考虑如下两块次最优 Nehari 问题[1]：给定 $\gamma > \left\| \left[\begin{array}{cc} \dfrac{b}{d} & \dfrac{a}{d} \end{array} \right] \right\|_H$，$Q \in \mathcal{RH}_\infty$，寻找所有满足

$$\left\| \left[\begin{array}{c} -\dfrac{b^\sim}{d^\sim} \\[2mm] \dfrac{a^\sim}{d^\sim} \end{array} \right] + Q \right\|_\infty \leqslant \gamma$$

的 $Q \in \mathcal{RH}_\infty$ 的集合。该问题的解是和如下的 J-谱分解问题[2] 紧密相关的。

定义

$$M = \begin{bmatrix} 1 & 0 & \dfrac{1}{\gamma}\dfrac{b^\sim}{d^\sim} \\[3mm] 0 & 1 & -\dfrac{1}{\gamma}\dfrac{a^\sim}{d^\sim} \\[3mm] 0 & 0 & 1 \end{bmatrix}, \quad J = \begin{bmatrix} 1 & 0 & 0 \\ 0 & 1 & 0 \\ 0 & 0 & -1 \end{bmatrix}$$

寻找 V 使得如下分解成立

$$MJM^\sim = VJV^\sim, \quad V, V^{-1} \in \mathcal{RH}_\infty \tag{8.7}$$

式中，对连续系统 $M^\sim = M^T(-s)$；对离散系统 $M^\sim = M^T(z^{-1})$。我们先来求解该 J-谱分解问题。

由式 (8.7), 可得

$$V^{\sim -1} = (MJM^{\sim})^{-1}VJ = M^{\sim -1}JM^{-1}VJ \tag{8.8}$$

注意到

$$M^{\sim -1} = \begin{bmatrix} 1 & 0 & 0 \\ 0 & 1 & 0 \\ -\dfrac{1}{\gamma}\dfrac{b}{d} & \dfrac{1}{\gamma}\dfrac{a}{d} & 1 \end{bmatrix}$$

$$M^{-1} = \begin{bmatrix} 1 & 0 & -\dfrac{1}{\gamma}\dfrac{b^{\sim}}{d^{\sim}} \\ 0 & 1 & \dfrac{1}{\gamma}\dfrac{a^{\sim}}{d^{\sim}} \\ 0 & 0 & 1 \end{bmatrix}$$

有

$$V^{\sim -1} = \begin{bmatrix} 1 & 0 & -\dfrac{1}{\gamma}\dfrac{b^{\sim}}{d^{\sim}} \\ 0 & 1 & \dfrac{1}{\gamma}\dfrac{b^{\sim}}{d^{\sim}} \\ -\dfrac{1}{\gamma}\dfrac{b}{d} & \dfrac{1}{\gamma}\dfrac{a}{d} & \dfrac{1}{\gamma^2}-1 \end{bmatrix} \begin{bmatrix} V_{11} & V_{12} & -V_{13} \\ V_{21} & V_{22} & -V_{23} \\ V_{31} & V_{32} & -V_{33} \end{bmatrix}$$

$$= \begin{bmatrix} H_{11} & H_{12} & -H_{13} \\ H_{21} & H_{22} & -H_{23} \\ H_{31} & H_{32} & -H_{33} \end{bmatrix}$$

式中

$$H_{1i} = V_{1i} - \frac{1}{\gamma}\frac{b^{\sim}}{d^{\sim}}V_{3i} \tag{8.9}$$

$$H_{2i} = V_{2i} + \frac{1}{\gamma}\frac{a^{\sim}}{d^{\sim}}V_{3i} \tag{8.10}$$

$$H_{3i} = -\frac{1}{\gamma}\frac{b}{d}V_{1i} + \frac{1}{\gamma}\frac{a}{d}V_{2i} + \left(\frac{1}{\gamma^2}-1\right)V_{3i} \tag{8.11}$$

因为 V, $V^{-1} \in \mathcal{RH}_\infty$, H_{3i} 必定为一常量, 令

$$V_{ij} = \frac{v_{ij}}{d}, \quad i, j = 1, 2, 3$$

$$H_{ij} = \frac{h_{ij}}{d^\sim}, \quad i = 1, 2; \quad j = 1, 2, 3$$

$$H_{3i} = c_i \quad (某常数)$$

则, 可得

$$dh_{1i} = d^\sim v_{1i} - \frac{1}{\gamma} b^\sim v_{3i} \tag{8.12}$$

$$dh_{2i} = d^\sim v_{2i} + \frac{1}{\gamma} a^\sim v_{3i} \tag{8.13}$$

$$c_i d^2 = -\frac{1}{\gamma} b v_{1i} + \frac{1}{\gamma} a v_{2i} + \left(\frac{1}{\gamma^2} - 1 \right) d v_{3i} \tag{8.14}$$

注意到式 (8.12)~ 式 (8.14) 的解是不唯一的, 我们需要更多条件来求解 J-谱分解问题。在下面的两小节中, 我们分别来求解连续和离散系统的 J-谱分解问题。

8.2.1 连续系统的 J-谱分解

通过上面的讨论, 我们知道还需要寻找其他初始条件才能求解方程式 (8.12)~ 式 (8.14), 注意到如果

$$V(\infty) = M(\infty) = \begin{bmatrix} 1 & 0 & \dfrac{1}{\gamma} \dfrac{b^\sim}{d^\sim}(\infty) \\[3mm] 0 & 1 & -\dfrac{1}{\gamma} \dfrac{a^\sim}{d^\sim}(\infty) \\[3mm] 0 & 0 & 1 \end{bmatrix}$$

则有

$$M(\infty) J M^\sim(\infty) = V(\infty) J V^\sim(\infty)$$

稍后我们会证明选择该初始条件, 将可得到次最优 Nehari 问题的中心解。下面我们给出在上述初始条件下求解方程式 (8.12)~ 式 (8.14) 的多

项式算法。为简化标记，我们将上述方程重新改写如下

$$d(s)h_1(s) = d(-s)v_1(s) - \frac{1}{\gamma}b(-s)v_3(s) \tag{8.15}$$

$$d(s)h_2(s) = d(-s)v_2(s) + \frac{1}{\gamma}a(-s)v_3(s) \tag{8.16}$$

$$cd^2(s) = -\frac{1}{\gamma}b(s)v_1(s) + \frac{1}{\gamma}a(s)v_2(s) + \left(\frac{1}{\gamma^2} - 1\right)d(s)v_3(s) \tag{8.17}$$

式中

$$d(s) = d_0 s^n + d_1 s^{n-1} + \cdots + d_n$$

$$a(s) = a_0 s^n + a_1 s^{n-1} + \cdots + a_n$$

$$b(s) = b_0 s^n + b_1 s^{n-1} + \cdots + b_n$$

$$v_i(s) = d_0 \alpha_i s^n + v_{i1} s^{n-1} + \cdots + v_{in}, \quad i = 1, 2, 3$$

$$h_i(s) = h_{i0} s^n + h_{i1} s^{n-1} + \cdots + h_{in}, \quad i = 1, 2$$

令

$$v_i = \begin{bmatrix} v_{i1} \\ \vdots \\ v_{in} \end{bmatrix}, \quad h_i = \begin{bmatrix} h_{i0} \\ \vdots \\ h_{in} \end{bmatrix}, \quad \alpha = \begin{bmatrix} \alpha_1 \\ \alpha_2 \\ \alpha_3 \end{bmatrix}, \quad d = \begin{bmatrix} d_0 \\ \vdots \\ d_n \end{bmatrix}$$

定义如下矩阵

$$D = \begin{bmatrix} d_0 & 0 & \cdots & 0 \\ d_1 & d_0 & \ddots & \vdots \\ \vdots & d_1 & \ddots & 0 \\ d_n & \vdots & \ddots & d_0 \\ 0 & d_n & \ddots & d_1 \\ \vdots & \vdots & \ddots & \vdots \\ 0 & 0 & \cdots & d_n \end{bmatrix} \in \mathbf{R}^{(2n+1) \times (n+1)}$$

$$
A=\begin{bmatrix} a_0 & 0 & \cdots & 0 \\ a_1 & a_0 & \ddots & \vdots \\ \vdots & a_1 & \ddots & 0 \\ \vdots & \vdots & \ddots & a_0 \\ a_n & \vdots & \ddots & a_1 \\ 0 & a_n & \ddots & a_2 \\ \vdots & \vdots & \ddots & \vdots \\ 0 & 0 & \cdots & a_n \end{bmatrix} \in \mathbf{R}^{2n\times n}, \quad
B=\begin{bmatrix} b_0 & 0 & \cdots & 0 \\ b_1 & b_0 & \ddots & \vdots \\ \vdots & b_1 & \ddots & 0 \\ \vdots & \vdots & \ddots & b_0 \\ b_n & \vdots & \ddots & b_1 \\ 0 & b_n & \ddots & b_2 \\ \vdots & \vdots & \ddots & \vdots \\ 0 & 0 & \cdots & b_n \end{bmatrix} \in \mathbf{R}^{2n\times n}
$$

令

$$
D_1 = \begin{bmatrix} 0 & I_{2n} \end{bmatrix} D \begin{bmatrix} 0 \\ I_n \end{bmatrix}
$$

$$
D_2 = \begin{bmatrix} 0 & I_{2n} \end{bmatrix} D, \quad E = \begin{bmatrix} B & -A \end{bmatrix}
$$

定义矩阵 $D^\sim$, $A^\sim$ 和 $B^\sim$ 取如下形式

$$
F^\sim = \begin{bmatrix} 0 & \cdots & 0 \\ (-1)^n f_0 & \ddots & \vdots \\ (-1)^{n-1} f_1 & \ddots & 0 \\ \vdots & \ddots & (-1)^n f_0 \\ f_n & \ddots & (-1)^{n-1} f_1 \\ \vdots & \ddots & \vdots \\ 0 & \cdots & f_n \end{bmatrix} \in \mathbf{R}^{(2n+1)\times n}
$$

式中, $F^\sim$ 代表 $D^\sim$, $A^\sim$ 或者 $B^\sim$, 而 f_i 代表 d_i, a_i 或者 b_i。令

$$\beta = \gamma\left(\frac{1}{\gamma^2} - 1\right)$$

定义 $\mathbf{R}^{(2n+1)\times 3}$ 矩阵

$$E_1 = d_0 \begin{bmatrix} (-1)^n d_0 & 0 & (-1)^{n+1} b_0/\gamma \\ (-1)^{n-1} d_1 & 0 & (-1)^n b_1/\gamma \\ \vdots & \vdots & \vdots \\ d_n & 0 & -b_n/\gamma \\ 0 & 0 & 0 \\ \vdots & \vdots & \vdots \\ 0 & 0 & 0 \end{bmatrix}, \quad E_2 = d_0 \begin{bmatrix} 0 & (-1)^n d_0 & (-1)^n a_0/\gamma \\ 0 & (-1)^{n-1} d_1 & (-1)^{n-1} a_1/\gamma \\ \vdots & \vdots & \vdots \\ 0 & d_n & a_n/\gamma \\ 0 & 0 & 0 \\ \vdots & \vdots & \vdots \\ 0 & 0 & 0 \end{bmatrix}$$

$$E_3 = d_0 \begin{bmatrix} -b_1 d_0 & a_1 d_0 & \beta d_1 \\ \vdots & \vdots & \vdots \\ -b_n d_0 & a_n d_0 & \beta d_n \\ 0 & 0 & 0 \\ \vdots & \vdots & \vdots \\ 0 & 0 & 0 \end{bmatrix} \in \mathbf{R}^{2n\times 3}$$

$$\begin{cases} C_1 = [\; I_n \quad 0 \;] \in \mathbf{R}^{(2n+1)\times n} \\ C_2 = [\; 0 \quad I_n \;] \in \mathbf{R}^{(2n+1)\times n} \end{cases}$$

由式 (8.17) 可得

$$c = \frac{1}{\gamma d_0}[\; -b_0 \quad a_0 \quad \beta d_0 \;]\alpha$$

且

$$E\begin{bmatrix} v_1 \\ v_2 \end{bmatrix} = \beta D_1 v_3 + E_3\alpha - c\gamma D_2 d \tag{8.18}$$

令

$$P_1 = D^\sim C_1 E^{-1}, \quad P_2 = D^\sim C_2 E^{-1}$$

则方程式 (8.15)、式 (8.16) 变为

$$\left[D \quad \frac{1}{\gamma}B^\sim - \beta P_1 D_1 \right] \left[\begin{array}{c} h_1 \\ v_3 \end{array} \right] = (E_1 + P_1 E_3)\alpha - c\gamma P_1 D_2 d \quad (8.19)$$

$$\left[D \quad -\frac{1}{\gamma}A^\sim - \beta P_2 D_1 \right] \left[\begin{array}{c} h_2 \\ v_3 \end{array} \right] = (E_2 + P_2 E_3)\alpha - c\gamma P_2 D_2 d \quad (8.20)$$

注意到求解方程式 (8.19) 和式 (8.20) 得到同一个变量 v_3,而我们并不关心 h_i 的解。因而,对 α 的不同初始值,我们可以首先求解方程式 (8.19) 来得到 v_3,然后求解方程式 (8.18) 得到 v_1 和 v_2。

一旦得到上述 v_i 的解,我们就求得了 J- 谱分解的解 $V(s)$,进而可得如下两块次最优 Nehari 问题的中心解。

定理 8.1[1] 令 $1 > \gamma > \left\| \left[\begin{array}{cc} \dfrac{b(s)}{d(s)} & \dfrac{a(s)}{d(s)} \end{array} \right] \right\|_H$, $Q(s) \in \mathcal{RH}_\infty$,则所有满足

$$\left\| \left[\begin{array}{c} -\dfrac{b(-s)}{d(-s)} \\ \dfrac{a(-s)}{d(-s)} \end{array} \right] + Q(s) \right\|_\infty \leqslant \gamma$$

的 $Q(s)$ 的解集为

$$Q(s) = \gamma \left[\begin{array}{c} \dfrac{V_{11}(s)R_1(s) + V_{12}(s)R_2(s) + V_{13}(s)}{V_{31}(s)R_1(s) + V_{32}(s)R_2(s) + V_{33}(s)} \\ \\ \dfrac{V_{21}(s)R_1(s) + V_{22}(s)R_2(s) + V_{23}(s)}{V_{31}(s)R_1(s) + V_{32}(s)R_2(s) + V_{33}(s)} \end{array} \right]$$

式中,$R(s) = \left[\begin{array}{c} R_1(s) \\ R_2(s) \end{array} \right] \in \mathcal{RH}_\infty$ 且 $\|R(s)\|_\infty \leqslant 1$。$V_{ij}(s)$ 为上述 J- 谱分解的结果,$i, j = 1, 2, 3$。

事实上,我们并不需要从方程式 (8.19) 和式 (8.18) 来计算 V_{2i},因为一旦我们求解到了 V_{3i},就可以用下述方式得到 V_{2i}。

引理 8.1 [3]　具有如下初始条件的 J- 谱分解的解 $V(s)$ 满足

$$V(\infty) = \begin{bmatrix} 1 & 0 & \dfrac{1}{\gamma}\dfrac{b^\sim}{d^\sim}(\infty) \\[2mm] 0 & 1 & -\dfrac{1}{\gamma}\dfrac{a^\sim}{d^\sim}(\infty) \\[2mm] 0 & 0 & 1 \end{bmatrix}$$

$$V_{21}(s) = -\gamma V_{31}(s) \tag{8.21}$$

$$V_{22}(s) = -\gamma V_{32}(s) \tag{8.22}$$

$$V_{23}(s) = 1 - \gamma V_{33}(s) \tag{8.23}$$

例 8.2　考虑如下系统

$$P(s) = \frac{b(s)}{a(s)} = \frac{1}{s^2}$$

通过谱分解易得 $d(s) = s^2 + \sqrt{2}s + 1$，因而有

$$\left\| \begin{bmatrix} \dfrac{b(s)}{d(s)} & \dfrac{a(s)}{d(s)} \end{bmatrix} \right\|_H = 0.924$$

我们希望寻找所有 $Q(s) \in \mathcal{RH}_\infty$ 使得

$$\left\| \begin{bmatrix} -\dfrac{b(-s)}{d(-s)} \\[3mm] \dfrac{a(-s)}{d(-s)} \end{bmatrix} + Q(s) \right\|_\infty \leqslant \gamma = 0.95$$

令 $\alpha = [\ 1\ \ 0\ \ 0\ ]'$，求解方程式 (8.19) 和式 (8.18) 可得

$$v_1 = \begin{bmatrix} -2.43 \\ -1.06 \end{bmatrix}, \quad v_2 = \begin{bmatrix} 0.93 \\ 3.38 \end{bmatrix}, \quad v_3 = \begin{bmatrix} -9.08 \\ -10.34 \end{bmatrix}$$

令 $\alpha = [\ 0\ \ -1/0.95\ \ 1\ ]'$，求解方程式 (8.19) 和式 (8.18) 可得

$$v_1 = \begin{bmatrix} 9.08 \\ 3.56 \end{bmatrix}, \quad v_2 = \begin{bmatrix} -5.54 \\ -10.33 \end{bmatrix}, \quad v_3 = \begin{bmatrix} 26.36 \\ 25.39 \end{bmatrix}$$

因而有

$$
V(s) = \begin{bmatrix} \dfrac{s^2 - 2.43s - 1.06}{s^2 + \sqrt{2}s + 1} & \dfrac{-8.62s - 3.38}{s^2 + \sqrt{2}s + 1} & \dfrac{9.08s + 3.56}{s^2 + \sqrt{2}s + 1} \\[2mm] \dfrac{0.93s + 3.38}{s^2 + \sqrt{2}s + 1} & \dfrac{s^2 + 5.26s + 9.82}{s^2 + \sqrt{2}s + 1} & \dfrac{-1.05s^2 - 5.54s - 10.33}{s^2 + \sqrt{2}s + 1} \\[2mm] \dfrac{-9.08s - 10.33}{s^2 + \sqrt{2}s + 1} & \dfrac{-23.69s - 23.17}{s^2 + \sqrt{2}s + 1} & \dfrac{s^2 + 26.36s + 25.39}{s^2 + \sqrt{2}s + 1} \end{bmatrix}
$$

因而, 次最优 Nehari 问题的中心解为

$$
Q(s) = \gamma \begin{bmatrix} \dfrac{9.08s + 3.56}{s^2 + 26.36s + 25.39} \\[2mm] \dfrac{-1.05s^2 - 5.54s - 10.33}{s^2 + 26.36s + 25.39} \end{bmatrix}
$$

8.2.2 离散系统的 J-谱分解

离散系统相对于连续系统而言, 其 J-谱分解要复杂很多, 我们只考虑 $d(0) \neq 0$ 的情况, 本质上来说这将给出相同的结果而避免一些麻烦的技术细节上的讨论 [4,5]。我们将专注于讨论中心解问题。

令

$$
V(\infty) = \begin{bmatrix} V_{11}(\infty) & V_{12}(\infty) & V_{13}(\infty) \\ V_{21}(\infty) & V_{22}(\infty) & V_{23}(\infty) \\ 0 & 0 & V_{33}(\infty) \end{bmatrix}
$$

则有

$$
V^{\sim}(\infty) = V^{\mathrm{T}}(0) = \begin{bmatrix} V_{11}(0) & V_{21}(0) & V_{31}(0) \\ V_{12}(0) & V_{22}(0) & V_{32}(0) \\ V_{13}(0) & V_{23}(0) & V_{33}(0) \end{bmatrix}
$$

定义

$$
M(\infty) = \begin{bmatrix} 1 & 0 & \xi_1 \\ 0 & 1 & \xi_2 \\ 0 & 0 & 1 \end{bmatrix}, \quad M^{\sim}(\infty) = \begin{bmatrix} 1 & 0 & 0 \\ 0 & 1 & 0 \\ \xi_3 & \xi_4 & 1 \end{bmatrix}
$$

由

$$M(\infty)JM^\sim(\infty) = V(\infty)JV^\sim(\infty)$$

可得

$$V_{33}(\infty)V_{13}(0) = \xi_3 \tag{8.24}$$

$$V_{33}(\infty)V_{23}(0) = \xi_4 \tag{8.25}$$

$$V_{33}(\infty)V_{33}(0) = 1 \tag{8.26}$$

令 $V_{33}(0) = \rho$，则有

$$\begin{bmatrix} V_{13}(0) \\ V_{23}(0) \\ V_{33}(0) \end{bmatrix} = \rho \begin{bmatrix} \xi_3 \\ \xi_4 \\ 1 \end{bmatrix}$$

现在，基于上述初始条件我们可以来求解方程式 (8.12)～ 式 (8.14)，从而得到中心解。由于中心解和 ρ 无关，可令 $\rho = 1$。为简化标记，把上述方程重新改写如下

$$d(z)h_1(z) = d^\sim(z)v_1(z) - \frac{1}{\gamma}b^\sim(z)v_3(z) \tag{8.27}$$

$$d(z)h_2(z) = d^\sim(z)v_2(z) + \frac{1}{\gamma}a^\sim(z)v_3(z) \tag{8.28}$$

$$cd^2(z) = -\frac{1}{\gamma}b(z)v_1(z) + \frac{1}{\gamma}a(z)v_2(z) + \left(\frac{1}{\gamma^2} - 1\right)d(z)v_3(z) \tag{8.29}$$

式中

$$d(z) = d_0 z^n + d_1 z^{n-1} + \cdots + d_n$$

$$a(z) = a_0 z^n + a_1 z^{n-1} + \cdots + a_n$$

$$b(z) = b_0 z^n + b_1 z^{n-1} + \cdots + b_n$$

$$d^\sim(z) = d_n z^n + d_{n-1} z^{n-1} + \cdots + d_0$$

$$a^\sim(z) = a_n z^n + a_{n-1} z^{n-1} + \cdots + a_0$$

$$b^{\sim}(z) = b_n z^n + b_{n-1} z^{n-1} + \cdots + b_0$$

$$h_i(z) = h_{i0} z^n + h_{i1} z^{n-1} + \cdots + h_{in}, \quad i = 1, 2$$

$$v_i(z) = v_{i0} z^n + v_{i1} z^{n-1} + \cdots + d_n \alpha_i, \quad i = 1, 2, 3$$

并且有 $\alpha_1 = \xi_3$, $\alpha_2 = \xi_4$, $\alpha_3 = 1$。

令

$$v_i = \begin{bmatrix} v_{i0} \\ \vdots \\ v_{i(n-1)} \end{bmatrix}, \quad h_i = \begin{bmatrix} h_{i0} \\ \vdots \\ h_{in} \end{bmatrix}$$

$$\alpha = \begin{bmatrix} \alpha_1 \\ \alpha_2 \\ \alpha_3 \end{bmatrix}, \quad d = \begin{bmatrix} d_0 \\ \vdots \\ d_n \end{bmatrix}$$

定义矩阵

$$D = \begin{bmatrix} d_0 & 0 & \cdots & 0 \\ d_1 & d_0 & \ddots & \vdots \\ \vdots & d_1 & \ddots & 0 \\ d_n & \vdots & \ddots & d_0 \\ 0 & d_n & \ddots & d_1 \\ \vdots & \vdots & \ddots & \vdots \\ 0 & 0 & \cdots & d_n \end{bmatrix} \in \mathbf{R}^{(2n+1) \times (n+1)}$$

$$A = \begin{bmatrix} a_0 & 0 & \cdots & 0 \\ a_1 & a_0 & \ddots & \vdots \\ \vdots & a_1 & \ddots & 0 \\ \vdots & \vdots & \ddots & a_0 \\ a_n & \vdots & \ddots & a_1 \\ 0 & a_n & \ddots & a_2 \\ \vdots & \vdots & \ddots & \vdots \\ 0 & 0 & \cdots & a_n \end{bmatrix} \in \mathbf{R}^{2n \times n}, \quad B = \begin{bmatrix} b_0 & 0 & \cdots & 0 \\ b_1 & b_0 & \ddots & \vdots \\ \vdots & b_1 & \ddots & 0 \\ \vdots & \vdots & \ddots & b_0 \\ b_n & \vdots & \ddots & b_1 \\ 0 & b_n & \ddots & b_2 \\ \vdots & \vdots & \ddots & \vdots \\ 0 & 0 & \cdots & b_n \end{bmatrix} \in \mathbf{R}^{2n \times n}$$

$$D_1 = \begin{bmatrix} 0 & I_{2n} \end{bmatrix} D \begin{bmatrix} 0 \\ I_n \end{bmatrix}, \quad D_2 = \begin{bmatrix} 0 & I_{2n} \end{bmatrix} D, \quad E = \begin{bmatrix} B & -A \end{bmatrix}$$

类似地用下述方式定义矩阵 $D^\sim$, $A^\sim$ 和 $B^\sim$

$$F^\sim = \begin{bmatrix} f_n & \cdots & 0 \\ f_{n-1} & \ddots & \vdots \\ \vdots & \ddots & f_n \\ f_0 & \ddots & f_{n-1} \\ 0 & \ddots & \vdots \\ \vdots & \ddots & f_0 \\ 0 & \cdots & 0 \end{bmatrix} \in \mathbf{R}^{(2n+1)\times n}$$

式中, $F^\sim$ 表示 $D^\sim$, $A^\sim$ 或者 $B^\sim$; f_i 代表 d_i, a_i 或者 b_i。令

$$\beta = \gamma\left(\frac{1}{\gamma^2} - 1\right)$$

定义 $\mathbf{R}^{(2n+1)\times 3}$ 矩阵

$$E_1 = d_n \begin{bmatrix} 0 & 0 & 0 \\ \vdots & \vdots & \vdots \\ 0 & 0 & 0 \\ d_n & 0 & b_n/\gamma \\ \vdots & \vdots & \vdots \\ d_0 & 0 & b_0/\gamma \end{bmatrix}, \quad E_2 = d_n \begin{bmatrix} 0 & 0 & 0 \\ \vdots & \vdots & \vdots \\ 0 & 0 & 0 \\ 0 & d_n & a_n/\gamma \\ \vdots & \vdots & \vdots \\ 0 & d_0 & a_0/\gamma \end{bmatrix}$$

$$E_3 = d_n \begin{bmatrix} 0 & 0 & 0 \\ \vdots & \vdots & \vdots \\ 0 & 0 & 0 \\ -b_0 & a_0 & \beta d_0 \\ \vdots & \vdots & \vdots \\ -b_{n-1} & a_{n-1} & \beta d_{n-1} \end{bmatrix} \in \mathbf{R}^{2n\times 3}$$

$$\begin{cases} C_1 = [\, I_n \quad 0 \,] \in \mathbf{R}^{(2n+1)\times n} \\ C_2 = [\, 0 \quad I_n \,] \in \mathbf{R}^{(2n+1)\times n} \end{cases}$$

由方程式 (8.29)，可得

$$c = \frac{1}{\gamma d_n}[\, -b_n \quad a_n \quad \beta d_n \,]\alpha$$

$$E \begin{bmatrix} v_1 \\ v_2 \end{bmatrix} = \beta D_1 v_3 + E_3 \alpha - c\gamma D_2 d \tag{8.30}$$

令

$$P_1 = D^\sim C_1 E^{-1}, \ P_2 = D^\sim C_2 E^{-1}$$

则方程式 (8.27)、式 (8.28) 变化为

$$\begin{bmatrix} D & \frac{1}{\gamma}B^\sim - \beta P_1 D_1 \end{bmatrix} \begin{bmatrix} h_1 \\ v_3 \end{bmatrix} = (E_1 + P_1 E_3)\alpha - c\gamma P_1 D_2 d \tag{8.31}$$

$$\begin{bmatrix} D & -\frac{1}{\gamma}A^\sim - \beta P_2 D_1 \end{bmatrix} \begin{bmatrix} h_2 \\ v_3 \end{bmatrix} = (E_2 + P_2 E_3)\alpha - c\gamma P_2 D_2 d \tag{8.32}$$

注意到方程式 (8.31) 和式 (8.32) 可求得同一个变量 v_3，因而对应不同的初始 α 值，我们可以首先求解方程式 (8.31) 来得到 v_3，然后求解方程式 (8.30) 来得到 v_1 和 v_2。

一旦我们求得了 v_i 的解，就可以得到 $V_{i3}(z)$，因而求得满足 $\|G(z^{-1}) - Q(z)\|_\infty \leqslant \gamma$ 且极小化 $\mathcal{I}[G(z^{-1}) - Q(z)]$ 的中心解 $Q(z)$

$$Q(z) = \begin{bmatrix} Q_1(z) \\ Q_2(z) \end{bmatrix} = \begin{bmatrix} V_{13}(z)V_{33}(z)^{-1} \\ V_{23}(z)V_{33}(z)^{-1} \end{bmatrix} \in \mathcal{H}_\infty$$

参 考 文 献

[1] Glover K, McFarlane D. Robust stabilization of normalized coprime factor plant description with H_∞ bounded uncertainty. IEEE Trans. Auto. Contr., 34(8): 821–830.

[2] Meinsma G. J-spectral factorization and equalizing vectors. Systems and Contorl Lettters, 1995, 25: 243–249.

[3] McFarlane D C, Glover K. Robust Controller Design Using Normalized Coprime Factor Plant Descriptions. New York: Springer-Verlag, 1990.

[4] Zhao X, Qiu L. Orthonormal rational functions via the Jury table and their applications. 42nd IEEE Conference on Decision and Control, 2003.

[5] Zhao X, Qiu L. Solutions to Nehari and Hankel approximation problems using orthonormal functions. American Control Conference, 2004.